27411

MES CHASSES

DANS LES DEUX MONDES

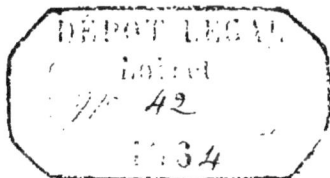

BEAUGENCY. — IMPRIMERIE DE F. RENOU.

HENRY GAILLARD

MES CHASSES

DANS LES DEUX MONDES.

PARIS

E. DENTU
17 et 19
GALERIE D'ORLÉANS, PALAIS-ROYAL

LIBRAIRIE CENTRALE
24
BOULEVARD DES ITALIENS

MDCCCLXIV

1864

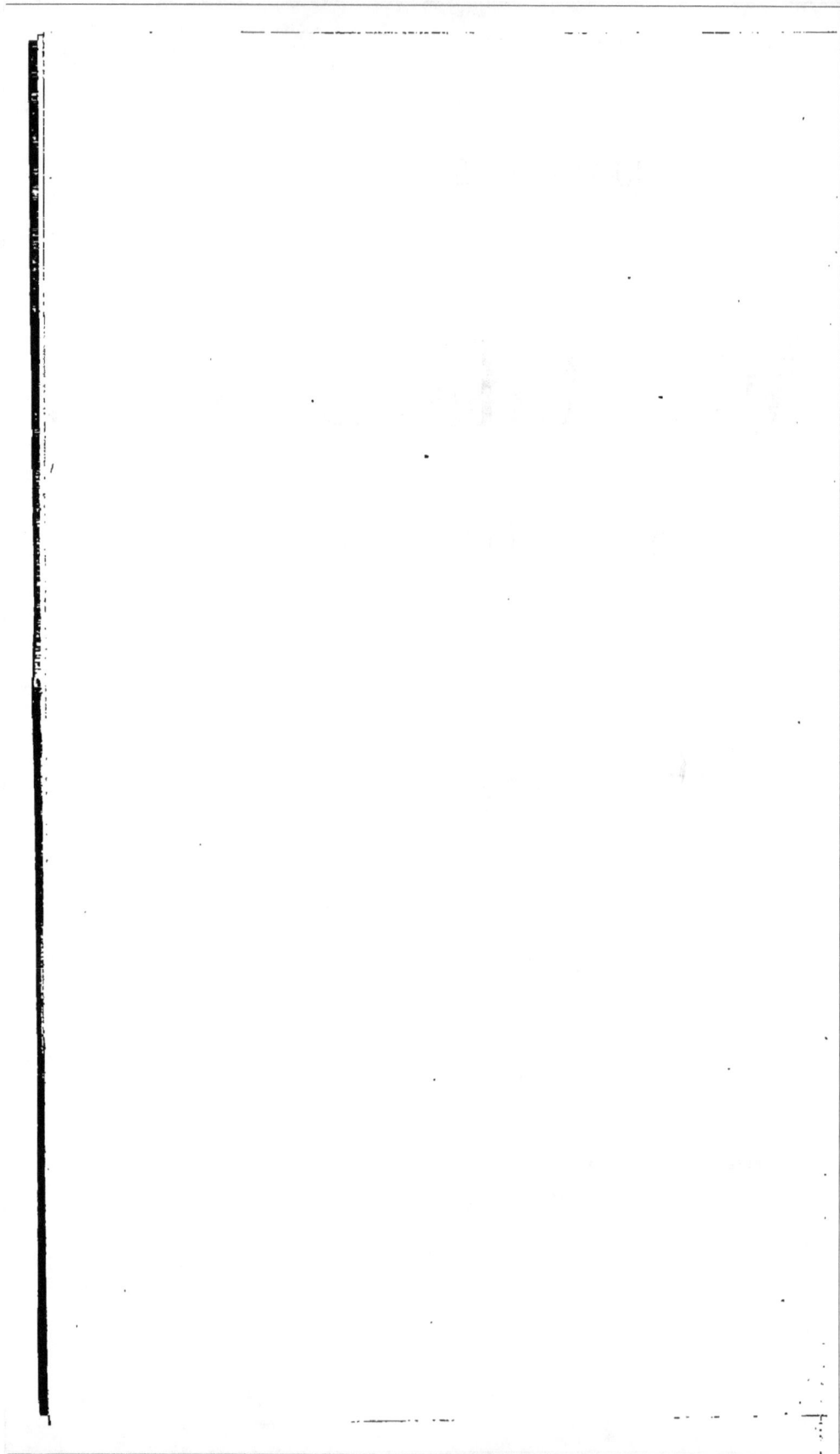

MES CHASSES

DANS

LES DEUX MONDES

———◦∞◦———

I

CHASSE AUX OISEAUX
DE LA HAUTE MER.

——

I. — Le Pétrel des Tempêtes.

Au moment de vous embarquer pour aller doubler le cap Horn ou le cap de Bonne-Espérance, pour vous rendre au Pérou ou dans l'Inde, et attaquer une traversée de quatre à cinq mille lieues, il faut que vous preniez toutes vos précautions contre les ennuis du voyage, et que vous vous mettiez à même de profiter

1

des distractions qui s'offriront sur la route ; pour cela, avant de vous installer à bord du navire auquel vous voulez vous confier, n'oubliez pas, puisque vous êtes chasseur, d'adresser à celui qui en sera le maître..... après Dieu, la question suivante :

— Capitaine, aurai-je le droit de me servir de mon fusil à votre bord?...

— Très-bien.....

Vous avez obtenu une réponse affirmative ; écoutez maintenant quelques conseils dictés par une longue expérience, et si vous les suivez, je vous garantis que pour abréger quatre ou cinq mois de réclusion, vous pourrez joindre aux souvenirs du passé, aux espérances de l'avenir, les jouissances du moment.

Il vous faut d'abord faire ample provision de munitions. Afin de vous donner une idée de ce que vous pourrez en consommer, je vous dirai que dans un voyage de Bordeaux à Pondichéry, — côte de Coromandel, — voyage qui dura cent trente-six jours, votre serviteur trouva le moyen d'envoyer aux oiseaux de mer quarante-cinq livres de plomb et trente-deux douzaines de balles.

Pour le plomb, prenez le plus gros que vous pourrez trouver, depuis le triple zéro inclusivement, jusqu'au n° 4 qu'il est inutile de dépasser ; car vous aurez souvent affaire à des oiseaux vigoureux, aux ailes protégées par de fortes pennes, au corps couvert d'un épais duvet qui amortit les faibles projectiles : quant à la poudre, vous ne devez en user que de bonne, mais tenez compte de la recommandation suivante :

Conservez-la dans des boîtes de ferblanc hermétiquement fermées, et n'en contenant chacune qu'une faible quantité.

Si vous vous servez de fusils se chargeant par la culasse, veillez soigneusement à défendre vos cartouches de l'humidité, ce qui, en mer, est fort difficile; ce motif m'engage à vous avertir de ne pas sortir pendant le voyage vos armes de luxe de leurs étuis; il vous faut à la mer des armes sûres, mais communes, dont le fini n'ait rien à craindre des intempéries des divers climats que vous allez traverser. Pour terminer, n'oubliez pas un assortiment d'hameçons, les plus forts, dans le genre de ceux qui servent à la pêche du thon, d'autres classés chez les marchands sous les nos 1 et 16; avec cela quelques pelotes de forte ficelle et de bon fil; maintenant, *borde le grand hunier, hisse le grand foc*, nous voilà paré... Je vous promets de curieuses chasses.

Déjà restent derrière, la grève et ses hôtes ailés, les courlis, les chevaliers, les combattants et les troupes pressées d'alouettes de mer qui rasent la plage dans leur vol, en poussant leurs petits cris plaintifs; nous avons dépassé les eaux troubles du littoral où s'ébattent les grèbes, ces rapides plongeurs; enfin les balises plantées sur l'accore des récifs ont disparu, et nous ne distinguons plus le cormoran perché sur leur sommet, comme un astronome sur son observatoire, cherchant à surprendre non les secrets de la voûte céleste, mais les bandes de petits poissons que la marée montante porte vers la terre : dans notre horizon apparaissent seuls quelques goëlands, quelques mouettes ralliant les rochers de la rive, au coucher du soleil. Demain, nous serons au large ; là bientôt nous trouverons les pétrels, les albatros, et près des terres lointaines, les phaëtons, les fous, les frégates ; mais, en attendant que vous soyez amariné, c'est-à-dire fait au tangage et au roulis, à même par conséquent d'épauler votre arme avec assurance et de viser le but avec précision, permettez-moi de vous devancer dans des parages que j'ai plus d'une fois fréquentés, et de vous préparer aux rencontres que vous y ferez par quelques courts récits qui pourront, je l'espère, les rendre même plus intéressantes.

Les oiseaux que l'on rencontre constamment en pleine mer, à toute distance des terres, sont les albatros, les pétrels, — famille des *procellaridés*. — S'il arrive d'y voir par hasard un phaëton, un fou, une frégate, c'est une exception ; ces derniers oiseaux ne fréquentent que les baies, les rivages où les attachent mœurs et habitudes ; leur présence alors tient à des causes extraordinaires, une longue tempête, par exemple, plus fortes que leurs ailes, les a emportés là, où ils se trouvent très-désorientés et souvent fatigués à ce point, de se laisser prendre à la main sur les vergues des navires ; cela nous est arrivé, même pour la frégate, que certains écrivains qui n'ont pas vu, se sont plu à dépeindre comme l'oiseau voilier par excellence.

Les premiers que nous avons nommés, les pétrels et les albatros seuls, sont doués de cette puissance de vol qui leur permet de vivre dans un milieu ne leur offrant aucun point d'appui solide. Jamais ils ne gagnent la terre que pour y déposer leurs œufs, et leur famille la quitte dès que ses forces lui permettent de rallier la haute mer, son véritable élément.

Le pétrel des tempêtes, — *Pr. pelagica*, — est celui qui forme, pour le voyageur quittant l'Europe, l'avant-garde de ces étranges palmipèdes. A trois ou quatre cents lieues de toutes îles, de tout continent, un matin apparaît voletant, sautillant sur la crête des lames, un petit être emplumé, en apparence gros comme une alouette, mais qui l'est bien moins en réalité; ses plumes sont d'un noir mat, avec une petite tache blanche sur le croupion; parfois il disparaît dans le brisant de la vague, on le croit noyé; mais non; la lame a passé, voyez-le courir dans la vallée qu'elle laisse en fuyant et gagner, toujours voletant, sautillant, la crête de celle qui lui succède. A voir ainsi ses mouvements courts, indécis, brisés, son vol saccadé qui semble chercher une place entre l'air et l'onde, on dirait que l'air le rejette à la surface de l'eau et que l'onde veut le renvoyer à l'air : mais il a disparu..... où est-il?... Penchez-vous sur le couronnement du navire; là, sous vos pieds, dans le remou du gouvernail, à le toucher..... vous l'avez vu et vous courez chercher votre fusil; oh! arrêtez, arrêtez un instant, que je vous raconte ce qui m'arriva en pareille occasion, il y a déjà long-temps. Alors j'étais comme vous jeune, vif et je me croyais, mon fusil à la main, l'arbitre légal de tout ce qui passait à sa portée. Un jour, des alcyons s'é-battaient aussi dans nos eaux; après les avoir obser-vés tout à mon aise, l'envie me vint de donner une preuve de mon adresse au capitaine qui était près de moi, d'autant plus que le marin, souriant dans sa barbe, affichait une incrédulité que je me croyais sûr de faire disparaître; aussi, ayant chargé mon arme avec soin :

— Capitaine, lui dis-je, je vous parie six bouteilles de champagne, que dans cinq minutes l'alcyon qui nous suit sera mort.

— Accepté, me répondit-il en jetant un regard sur la montre de *l'habitacle* pour constater l'heure :

En ce moment le pétrel, qui s'était attardé dans notre sillage, nous rejoignait à tire-d'ailes, il pouvait se trouver à quinze pas, presque immobile. Ses pe-tites pattes trépignaient à la surface de l'eau, pendant que ses ailes battaient l'air, au moment où je fis feu.

— Il y est, m'écriai-je...

— Certainement, reprit une voix moqueuse der-rière nous : il y est à ramasser votre plomb. Parbleu! est-ce qu'on tue les *sataniques*, — nom que les matelots donnent à ce pétrel. — Celui qui avait parlé était le vieux maître d'équipage du bord.

En effet, l'enragé petit oiseau autour duquel mon plomb s'était égrené semblait, à la même place, s'amuser à chercher ce qu'il était devenu.

— Et d'une, — se contenta de dire le capitaine.

Trente secondes plus tard, mon second coup obtenait le même résultat, seulement le pétrel, l'alcyon ou le satanique s'obstina si bien à vouloir ramasser mon plomb, que les cinq minutes passèrent avant que j'eusse pu l'avoir à portée, tout aussi vif, aussi pétulant que jamais.

J'en fus quitte pour payer le soir, au dîner de la chambre, six bouteilles de champagne que le digne capitaine, dans le but sans doute de ménager ma bourse jusqu'à la fin du voyage, me passait à quatre francs l'une, et pour entendre tout le jour les matelots chuchoter derrière moi :

— Encore un innocent qui croit qu'on tue les sataniques.....

Je passai la nuit suivante en proie au plus affreux cauchemar : qui en fut la cause ? le champagne ? les sottes plaisanteries des matelots ? le dépit causé par ma maladresse ou le guignon ? Le lecteur prononcera ; toujours est-il que les rêves les plus bizarres troublèrent mon sommeil : un essaim de sataniques tourbillonnait autour de moi, je sentais leurs petites ailes pointues me fouetter le visage, leurs becs crochus m'égratigner ; ils s'appuyaient sur ma poitrine

et en dépit de leur taille exiguë, leur poids m'op-
pressait à m'enlever la respiration ; pour m'en débarrasser, je criais, gesticulais, déchargeais sur eux
force coups de fusil, mais toujours inutilement ; jusqu'à ce qu'après avoir envoyé tout mon plomb, il
me vint à la pensée de le remplacer par du gros sable. Au moment où j'allais exécuter mon projet, un
violent coup de tangage me réveilla avec cette idée
fixe dans l'esprit et ce mot sur les lèvres : du sable.

C'était une révélation lumineuse : le lendemain,
je proposai au capitaine de prendre ma revanche ; il
accepta. Après avoir remplacé mon plomb par une
poignée de gros sable servant au frottage du pont,
j'attendis que le pétrel vînt voltiger sous la poupe
du navire, à une vingtaine de pieds de l'extrémité
de mes canons, et je l'envoyai littéralement plumé,
en pièces, sauter quatre ou cinq pas plus loin, au
milieu d'un nuage de sable et de fumée. J'étais
triomphant, le capitaine avait perdu ; mais au lieu
de voir, après mon succès, les rieurs se ranger de
mon côté, je fus bien surpris de l'air consterné de
deux ou trois matelots, et d'entendre le vieux maître
s'écrier, en me jetant un regard sévère :

— Ah ! tonnerre ! vous avez fait un beau coup,
allez ; est-ce qu'on tue les sataniques ?.....

Mais vous ne m'écoutez plus, vous êtes impatient
d'essayer à votre tour le procédé dont je vous ai livré
le secret contre le pétrel qui voltige toujours près de
vous ; il faut pourtant que vous m'accordiez encore

un moment d'attention pour juger, ce que j'appris, hélas! trop tard, si nous devons partager les croyances du vieux Jean-Marie, le maître d'équipage; puis vous serez libre, vous aussi, de tirer sur les sataniques.

Je reviens donc au trois-mâts barque *la Noémi*, de Bordeaux, où s'était accomplie la prouesse dont je viens de vous raconter les détails.

Tout le jour, les matelots parlèrent entre eux de la mort du pétrel, et leurs gestes, leurs regards me firent souvent comprendre qu'ils mêlaient le nom du meurtrier à celui de la victime; mais il me fut impossible de causer avec quelqu'un d'entre eux, car le temps, beau dans la matinée et l'après-midi, était, dans la soirée, devenu menaçant, et les précautions à prendre les absorbaient entièrement.

Au dîner, le capitaine s'exécuta d'aussi bonne grâce que je l'avais fait la veille, et nous arrosions le dessert avec le champagne, quand le maître, entr'ouvrant la porte de la chambre, vint avertir que l'apparence du temps était de plus en plus mauvaise et demander de faire *prendre des ris aux huniers* avant la nuit; à cet avertissement, le capitaine et le second s'étaient levés pour juger par eux-mêmes de la situation, pendant que le maître, retournant à son poste, envoyait encore à mon adresse, cette phrase :

— Ah! tonnerre! on tue les sataniques aussi!.....

Bientôt, comme les autres, je fus sur le pont: le

1.

vieux marin ne s'était pas trompé ; le vent commençait déjà à faire entendre dans nos agrès ses plaintes
aiguës, et la mer à nous balotter durement. Une
heure ne s'était pas écoulée, que nous recevions un
de ces coups de vent, qui font dire aux marins lorsqu'ils en parlent : — *la barbe en fumait.* — A qui en
était la faute?

A moi; j'avais tué l'alcyon; l'équipage ne se gênait plus pour le dire hautement : bref, lorsque nous
eûmes *pris la cape,* afin de porter la tempête, je profitai d'un de ces courts moments qui laissent les marins inactifs et n'opposant plus aux attaques furieu-
ses des éléments qu'une énergie passive, pour m'approcher de Jean-Marie, de quart jusqu'à minuit.

En manière d'exorde, je lui offris une poignée de
cigares, et dès que j'eus réussi avec peine à lui en
faire accepter un, je brusquai l'explication en ces
termes :

— Ah ! ça maître, dites-moi, je vous prie, pourquoi depuis ce matin avez-vous l'air de m'en vouloir ?

— Pourquoi !

— Mais oui, enfin, qu'ai-je fait ?

— Une sottise, parbleu; oh ! mais attendez, ce
n'est pas fini !...

— Quoi ! parce que j'ai tué cet oiseau ?

— Eh ! oui, mille millions de tonnerre !... Est-ce
qu'on tue les sataniques sans que ça porte malheur ?...

— Mais j'ignorais..... pourquoi ne pas m'avoir averti?

— Qui diable se doutait que vous alliez mettre je ne sais quoi dans votre fusil... car sans ça...

— Mais du sable tout simplement.

— Eh bien! il nous en cuira peut-être de ce que vous avez eu cette idée..... car avec du plomb jamais..... après tout, je m'en fiche... je suis vieux...

Et tout en me lâchant ces phrases hachées que j'entendais à demi, Jean-Marie dénaturait l'emploi du cigare que je lui avais donné et le transformait en une monstrueuse chique; cependant le son de sa voix s'adoucit, et je résolus d'obtenir des éclaircissements plus explicites; je renouai donc ainsi la conversation :

— Mais dites-moi, je vous prie, maître, quel rapport y a-t-il entre la mort de cet oiseau et le mauvais temps que.....?

— Ah! vous prenez ça pour des oiseaux, vous, les sataniques?...

— Certainement, des pétrels, — familles des *procellaridés*.

— Oh! bien, pour lors, vous êtes un savant, je n'ai plus rien à vous dire..... Bonsoir,..... allez vous coucher.....

Après cette gracieuse invitation, le voilà de nouveau à arpenter la *dunette* à larges enjambées qui me permettaient à peine de le suivre. Bien décidé pourtant à en savoir davantage :

— Écoutez-moi, maître, lui dis-je d'un ton que je m'efforçai de rendre insinuant, si les sataniques ne sont pas des oiseaux, que sont-ils? apprenez-le moi, je vous prie ; vous savez avec quelle confiance je vous écoute toujours.

Cet appel à la déférence que je montrais d'ordinaire en entendant les récits, souvent bizarres du vieux marin, parut le toucher; aussi, après avoir recommandé au timonier de veiller à la barre, pour éviter les lames monstrueuses qui menaçaient notre avant, d'une voix sourde, qui se perdait quelquefois au milieu du fracas d'une vague déferlant à nous toucher, ou était emportée par la rafale, Jean-Marie reprit:

— Les sataniques, voyez-vous, monsieur Henry, c'est pas des oiseaux comme les autres; tuez tant que vous voudrez des paille-en-queue, des fous, des damiers, des albatros, le bon Dieu n'a rien à y voir; mais ne tuez pas les sataniques.

— Parce que?

— Ah! parce que..... Tenez, savez-vous, quand un vieux comme moi est mort, savez-vous ce qu'on fait? eh bien! le voilier lui coud autour du corps un morceau de toile à voile, un camarade lui amarre aux pieds une gueuse ou un boulet, puis *à Dieu va !* on l'envoie au fond...

— Je le sais, c'est l'usage pour tous ceux qui meurent en mer.

— D'accord, oui; pour lors vous croyez que tout s'en va trouver les marsouins... pas du tout...

— Comment cela?

— Eh bien, les faillis-chiens, les fatras, les vauriens, s'enfoncent eux, ni vu, ni connu; mais les
vrais matelots, voyez-vous, ceux qui ont pu dire en
mourant : « Mon Dieu, j'ai jamais fait de mal à personne; bonsoir les amis! » pour ceux-là, le corps
s'en va aussi, mais le..... l'a..... enfin suffit, je m'entends!..... Çà, voyez-vous, ça devient satanique, et
quand il doit venter comme ce soir, ça revient dire
aux vieux amis qui bourlinguent encore : « *Ohé! vous
autres, veillez au grain.....* » et voilà!

Alors même que j'aurais eu le pouvoir de faire
envoler avec une seule parole la poétique croyance
du vieux marin, je m'en serais bien gardé; aussi,
enhardi par mon silence, qu'il prit peut-être pour
une adhésion tacite, il continua :

— Ce que je dis, vous étonne, n'est-ce pas? c'est
que vous n'avez pas vu comme moi, vous.....

— Qu'avez-vous vu, maître Jean-Marie? dites-le
moi, je vous en prie.

— Je le veux bien, ce ne sera pas long, et le diable m'emporte si vous tirez encore sur les sataniques quand vous saurez mon histoire.

« Il y a quinze ans, je venais de m'embarquer
comme ici, maître à bord du *Jeune-Louis*, de Nantes,
pour faire le voyage de la Nouvelle-Orléans; avant
le départ, ma sœur, une pauvre veuve, me dit :
« Jean, toi qui es maître sur le *Jeune-Louis*, il faut
« que tu emmènes avec toi mes deux fils, tes ne-

« veux, Marie et Jean; puisqu'ils n'ont plus de père
« pour leur apprendre le métier, ça te revient de
« droit. »

« Ils étaient mes filleuls, deux jumeaux, deux
braves enfants; je ne m'en souciais guère, j'avais
comme des pressentiments..... Tout de même je me
dis : si c'est pas avec moi, ce sera avec d'autres;
— dans notre famille, vous saurez que c'est comme
dans un nid de goëlands; quand les ailes sont venues tout le monde attrape la mer.

« Nous partons tous trois..... mais je suis revenu
seul..... La fièvre jaune les prit la veille du départ
pour France... chers petits!! Ah dam! il fallait les
voir *carguer*, *serrer un perroquet* tous deux ensemble; c'était propre, c'était fini, des *garcettes* nouées,
que le plus fin *gabier* n'aurait rien trouvé à redire...
Pas moins, j'eus beau les soigner..... dire au bon
Dieu qu'il avait déjà le père..... que c'était assez.....
de laisser à la veuve ses deux fils... il avait dans son
idée d'en faire deux anges, ils moururent tous deux
en même temps.

« Le lendemain, les officiers et les camarades,
nous étions tous autour d'un sabord sous le vent, les
pauvres petits à côté l'un de l'autre sur la planche; — la prière finie — *envoyez!* dit le capitaine;
je lève la planche, — ils glissent, la mer s'ouvre... et
tous... tous, vous entendez, n'est-ce pas, monsieur
Henry?

— Oui, maître.

— Nous voyons sortir de la fosse deux sataniques qui s'envolent en poussant un petit cri d'adieu. »

Le vieux marin n'ajouta pas une parole ; et maintenant, si vous le croyez convenable, prenez votre fusil et tirez sur le Pétrel des tempêtes.

II.

Les Pétrels, les Albatros.

Nous avons atteint le 45ᵉ degré de latitude sud ; il vente grand frais, de longues houles creuses secouent durement notre navire ; les eaux de l'Océan ne reflètent plus les teintes bleues de l'atmosphère limpide des régions tropicales ; le ciel est terne, plombé, souvent caché par des brumes épaisses, sombre voile que soulève de temps à autre la crête des lames qui blanchissent en déferlant : nous sommes dans la zône où nous devons trouver les pétrels et surtout les albatros, ces rois du vol.

Vous pouvez, en vérité, avoir déjà vu le condor effleurant de son aile vigoureuse les nues qui reposent au-dessus des hauts sommets de la Cordilière, le lœmer-geyer fouettant de ses fortes pennes l'air des vallées des Alpes suisses, l'aigle planant au-dessus de son aire, le vautour, qui semble descendre comme la foudre du ciel sur la terre; mais vous n'avez qu'une idée incomplète de la puissance que Dieu a donné à l'oiseau, si vous n'avez pas vu l'albatros jouer avec un coup de vent dans les parages tempêtueux qu'il fréquente.

Au milieu de l'orage, il file comme les vapeurs que dispersent les vents, sans secousses, sans efforts; mais, loin de suivre les courants d'air, c'est contre eux qu'il progresse malgré leur violence; vous l'avez vu poindre devant vous tel qu'un nuage, ses grandes ailes en faux étendues atteignent jusqu'à quinze pieds d'envergure, il passe à toucher le navire, incline légèrement la tête de son côté, lui jette un regard et va, toujours sans faire un mouvement, se fondre à l'autre extrémité de votre horizon : il a ainsi franchi une distance de cinq à six milles. Il en est de même, s'il lui plaît de vous reconnaître en tournant autour de vous; quelle que soit votre rapidité, il la décuple, va, vient, s'élève, s'abaisse, ralentit, accélère son vol, sans paraître avoir besoin de faire appel à autre chose qu'à sa volonté.

Il fallait en effet, là où la nature semble vouloir briser tout ce qui existe, des êtres privilégiés en harmonie avec sa rudesse; aussi, parmi les flots que l'ouragan soulève et heurte, nous voyons la baleine, et au-dessus, pour lutter contre l'impétuosité des vents, l'albatros.

Sous les mêmes latitudes, se rencontrent égale-

ment plusieurs variétés de la famille des *procellari-*
dés, surtout les damiers, — *procellaria capensis,* —
aux ailes diaprées de bandes noires et blanches,
comme la table d'un échiquier, d'une taille beaucoup plus petite; mais, eux aussi, doués d'ailes in-
fatigables; ne ralliant jamais la terre qu'à l'époque
de la ponte; seulement, leur vol, brisé dans ses élans,
fait ressortir la majesté de celui de l'albatros, lorsqu'il traverse, toujours planant, leurs bandes qui
tourbillonnent à la surface des flots.

En 183..., la première fois qu'il me fut donné de
voir ces oiseaux, je devais à un heureux hasard d'être
embarqué avec un de ces capitaines qui ne se croient
pas obligés de faire peser sur leur entourage les contra-
riétés que ménage une longue navigation, surtout
quand viennent s'y joindre les hasards de la pêche;
au contraire, le digne capitaine C..... ne demandait
pas mieux que d'oublier et de faire oublier aux autres
des ennuis inévitables; du reste, il était ardent chasseur, pêcheur, et amateur passionné d'histoire naturelle, non à la façon des fabricants de sèches et ba-
roques nomenclatures; mais, comme les Wilson, les
Audubon, bien plus préoccupé d'étudier les mœurs,
les habitudes des êtres, que de les parquer, sous un
nom grec ou latin, dans des séries où ils occupent
une place qu'ils n'y auraient certainement jamais
choisie eux-mêmes.

Aussi, que de faits intéressants il lui avait été permis d'observer, faits malheureusement perdus pour

la véritable science, restés enfouis dans sa mémoire
ou confiés à des indifférents, sinon à des railleurs.

Une chose l'irritait profondément : c'était l'incrédulité affectée de ces sceptiques qui, n'ayant rien vu
et surtout rien su observer, trouvent plus facile de
tout nier, que de chercher à comprendre ce qui dépasse les étroites limites de leur raisonnement. Chez
lui, la crédulité n'était pas faiblesse d'esprit; mais,
après avoir navigué pendant quarante ans sur toutes
les mers du globe, après avoir fréquenté les coins de
terre les plus ignorés, après une patiente observation
de beaucoup de faits et de choses extraordinaires, il
se croyait un droit que pour ma part je ne lui con-
testais jamais, celui d'élargir, plus que certaines gens,
la limite du possible.

Avant l'époque où ma bonne étoile me fit passer
près de deux ans avec le capitaine C....., j'avais déjà
connu beaucoup de compagnons de chasse; j'en ai
rencontré bien d'autres depuis, mais pas un n'a laissé
dans ma mémoire de souvenirs aussi durables et vers
lesquels ma pensée se reporte avec autant de plaisir.
Or, de toutes les parties que nous fîmes ensemble,
une des plus agréables fut une certaine chasse aux
albatros par le travers de la terre des États au cap
Horn.

Nous étions alors en vue du cap San-Antonio, 54°,
41' lat. sud et 66°, 14' long. O. Si je livre au lecteur
ces arides détails qui ne l'intéressent guère, c'est
qu'en traçant ces mots, je retrouve sur la carte dé-

ployée devant moi, afin de raviver mes souvenirs, au point d'intersection des deux lignes que j'ai précisé, une petite croix marquée au crayon; elle me rappelle que là, nous avons laissé un de nos compagnons de route dont la triste fin vint assombrir pour moi les agréables impressions de la journée, et que nous l'attribuâmes avec raison, comme je le raconterai, à la stupide voracité des albatros.

La veille, après le coucher du soleil, une *rigth-whale,* — baleine franche, — était venue souffler près de nous pour nous souhaiter le bonsoir; malheureusement l'heure avancée et une grosse mer nous avaient empêché de lui faire payer son imprudence; seulement, dans l'espoir de la retrouver aux environs, nous avions passé la nuit sur place en courant de courtes bordées; le lendemain, rien ne parut, qu'une mer calme à rappeler celle des Tropiques, et un soleil qui, en dépit de sa face un peu blafarde, semblait afficher les mêmes prétentions; enfin, autour de nous, de nombreuses troupes de damiers. Depuis plusieurs jours nous les avions fusillés; nous en avions, avec nos lignes, pris douze ou quinze qui, parqués dans une cage à poules, remplaçaient ses premiers habitants, et attendaient que le *coq,* — cuisinier, — du bord leur fît l'honneur de les admettre à fournir un supplément à la gamelle des matelots; aussi, ne leur accordant aucune attention, comme tout l'équipage, je promenais ma vue sur la mer, dans l'espoir d'y découvrir quelque indice dénonçant le cétacé de la veille.

Tout à coup le capitaine, — à qui je n'osais parler, car dans les moments de préoccupation il était peu causeur, — s'écria d'une voix forte au timonier : *Laisse porter d'un quart;* et se tournant vers moi : Si la *rigth-whale* n'a pas eu peur de nous, dans un quart d'heure nous la verrons; voyez là-bas, sous le vent, ces albatros, peut-être la suivent-ils... Et son bras tendu m'indiquait un point de l'horizon vers lequel je ne distinguais rien que les flots scintillant sous les rayons d'un soleil levant qui surgissait au-dessus d'une bande nébuleuse.

L'incertitude ne fut pas de longue durée. — Allons, mon cher, nous ne la retrouverons pas, — me dit le capitaine, — le diable l'emporte! voici les albatros qui mettent le *cap* sur nous.

En effet, ces grands voiliers rôdaient déjà autour du navire. Parmi eux, un entre autres attira de suite tous les regards par la grandeur de ses dimensions, et parce qu'il portait, pendante à son cou, une petite planchette attachée sans nul doute par des marins à qui il avait dû, malgré lui, rendre visite; c'était un amiral, c'est-à-dire que son plumage, d'une blancheur de neige, n'offrait que deux taches brunes sur les épaules, à la naissance de l'aile; — les matelots, en lui donnant ce nom, font allusion aux étoiles des épaulettes de l'officier supérieur.

Sous l'effort d'une faible brise nous ne filions que trois à quatre nœuds; aussi ce fut en vain que toutes les lignes du bord furent jetées à l'eau pour tenter la convoitise de nos visiteurs ; ce n'est que lorsque le vent souffle grand frais ; que la mer, profondément agitée, n'offre plus à sa surface *les mollusques, les zoophytes, les crustacés,* leur nourriture ordinaire, que ces oiseaux suivent les navires pour ramasser les immondices jetés dans le sillage.

Bientôt nous dûmes rentrer nos lignes ; la brise était complétement tombée, nous restions en calme plat avec un temps magnifique et surtout bien rare dans ces parages. Les albatros, également surpris de la quiétude des éléments, parcouraient notre horizon sans approcher, et leurs ailes ne semblaient leur imprimer de mouvements que pour bercer leur sommeil.

Le capitaine C...., qui était près de moi et qui, contre son habitude, n'avait pris aucune part à nos infructueuses tentatives, me dit alors :

— Parbleu, mon cher, puisqu'ils ne veulent pas venir à nous, voulez-vous que nous allions à eux ?

Et avant que j'aie eu le temps de répondre, il avait donné l'ordre d'affaler à la mer sa baleinière, la première derrière à tribord, et à deux hommes d'y prendre place ; puis il ajouta :

— Ne trouvez-vous pas que c'est un beau temps pour une partie de chasse?... enfin je ne sais, mais je serais curieux de mettre la main sur le billet que l'amiral porte à son cou ; je suis tenté de croire qu'il est à mon adresse ; essayons de nous en assurer ; allez vite chercher votre fusil et nous irons flâner avec la pirogue.

Il avait à peine fini, que, descendu dans ma ca-
bine, je prenais un sac de chevrotines et ce que le
capitaine avait appelé mon fusil, et qui était une
bonne canardière de cinquante-quatre pouces de canon, d'un fort calibre, mais légère et maniable. Lui,
Américain de naissance, ne connaissait que son arme
nationale, *le rifle,* dont il se servait, à vrai dire, avec
beaucoup d'adresse.

Un instant après, lui à l'arrière de la baleinière,
moi à l'avant, nos hommes nagèrent vigoureusement
pour joindre les albatros planant à un mille environ ;
au milieu de la bande nous distinguions toujours l'a-
miral.

Les contrastes servant sans doute à graver les
faits dans la mémoire, je pense alors aux heures qu'il
m'est arrivé de passer sur les bords d'une petite rivière, bien loin de là, dans mon pays, à exercer mon
adresse sur les hirondelles qui rasaient ses eaux pour
ramasser les moucherolles, les éphémères que l'o-
rage abattait à leur surface. Là-bas, un petit courant presque desséché par l'été, de frais ombrages
sur ses rives, à la main un fusil à peine chargé avec
de la cendrée, pour but des hirondelles !! Ici, la surface de l'Océan, sans une ride, mais, traversée de
temps à autre par de longues houles creuses qu'ont
soulevées les bourrasques des jours passés ; devant
nous, à toute vue, les sommets déchiquetés, sauvages, de la terre des États ; c'est vers eux que nous
nous dirigeons ; derrière, notre navire se balance, les

voiles sur leurs cargues; enfin, pour la partie active, deux chasseurs armés de puissantes armes dans la frêle embarcation qui les porte vers de gigantesques oiseaux.

Aujourd'hui, tout cela est si loin, si loin, que je ne sais trop à laquelle des deux chasses j'aurais donné la préférence, si les paroles suivantes du capitaine n'étaient pas venues interrompre ma rêverie :

— N'oubliez pas, me dit-il, de ne tirer sur l'amiral qu'à coup sûr; quelle que forte que soit la charge de votre fusil, attendez toujours que l'oiseau vous présente le travers ou file devant vous; dans le premier cas, vous ajustez sous l'aile, dans le second, un peu au-dessous, en plein corps.

Il finissait à peine, qu'une partie des albatros arrivait nous reconnaître.

— Rentrez les avirons, commanda le capitaine, et attention! Pour lui laisser l'honneur du premier coup, je ne me pressai pas de faire feu et restai même un peu surpris, en voyant à trente ou quarante pieds au-dessus de nous leur immense envergure, quand un coup de feu se fit entendre, et pour attester que la balle du rifle avait atteint le but, quelques plumes tombèrent en tournoyant près de la pirogue; cependant l'albatros poursuivit son vol en baissant et nous le vîmes s'appuyer sur la mer, à près de trois encâblures; bientôt les autres orientèrent pour le suivre; un d'eux, dans son évolution, me traversant à une trentaine de pas, je lui envoyai une charge de che-

vrotines qui aurait dû le tuer roide; mais les ailes
n'étant point atteintes, il continua comme l'autre sa
bordée; cependant, à la manière dont il se posa, le
capitaine me dit :

— Très-bien, en voilà deux.

Dans mon impatience, je voulais tout de suite aller
les ramasser.

— Non, non, reprit-il, si nous le faisions, dans deux
minutes nous n'en aurions plus un en vue; nos coups
de feu ne les effraient pas, mais la disparition de
leurs camarades les avertirait du danger, tandis qu'ils
les croient tranquillement posés pour ramasser quelque proie.

L'observation était juste, car chaque oiseau blessé
en avait sans cesse auprès de lui d'autres qui, après
avoir cherché autour d'eux, semblaient lui dire : que
diable fais-tu là? — et avant de reprendre leur vol,
nous laissaient approcher à portée de pistolet; aussi
leur nombre fut bientôt diminué quoique, après une
heure de fusillade, il nous fut impossible de savoir
combien il en restait de mortellement atteint, la
troupe première s'étant pendant la chasse, augmentée de nouveaux-venus. Tous semblaient également
posés sur la mer; un seul avait été tué roide par une
balle du capitaine C...., mais parmi eux n'était pas,
nous en étions sûrs, l'amiral, qui, sans trop s'éloigner, se tenait toujours hors de portée.

Pour moi, étourdi par le résultat acquis, je n'y
pensais plus et ne voyais que les nombreuses blagues

à tabac, les magnifiques tuyaux de pipe que devaient me fournir les pattes et les ailes des victimes, le capitaine ne se réservant que leur duvet, presque aussi moelleux que celui de l'eider.

— Ne tirez plus, Henry, me dit le capitaine, voyons si l'autre accostera, — et le feu demeura suspendu; — mais ce fut en vain, l'albatros, qui une fois s'était trouvé captif, avait reconnu des hommes et gardait sa défiance, en décrivant autour de nous de grands cercles dont nous restions le centre; il était de toute évidence que nous perdions notre temps. Nous étions sur le point d'y renoncer et de ramasser notre gibier, lorsqu'un de nos matelots, un Américain, nous dit :

— Si vous voulez, dans cinq minutes, vous choisirez parmi tous ceux qui restent celui qui vous conviendra, je vous en réponds.

— Comment cela, Charlie? reprit le capitaine.

— Oh! l'affaire est bien simple; je vais me mettre à l'eau, faire le mort, et vous les verrez bientôt tous arriver; mais vous tirerez vite, car les enragés pincent dur.

— Tu ne trouves pas l'eau trop froide pour prendre un bain?

— Ah bah! J'aurai pas seulement le temps de m'en apercevoir; ne me laissez pas mordre et tirez haut, car je serai dessous.

— Fais donc, continua le capitaine; tu auras ce soir double ration.

2

Je riais de l'expédient trouvé par Charlie, comme d'une plaisanterie; mais je ne ris pas longtemps; l'insouciant matelot, après s'être déshabillé en un clin d'œil, venait de se jeter à la mer en plongeant et se relevait à quinze pas de nous, le ventre en l'air, les bras en croix : on aurait dit un noyé.

— Ne tirez pas trop bas, Henry, me dit le capitaine, les chevrotines écartent....

— Sacredié! m'écriai-je, mais je ne tirerai pas du tout;... tenez, capitaine, voici mon fusil.

— Non, non, quelle plaisanterie..... les voilà, à vous.....

Pendant ces paroles, rapidement échangées, tous les albatros se trouvant autour de nous avaient vu l'épave vivante que représentait le corps de Charlie, et, les pattes tendues, faisant claquer leur bec, allaient s'appuyer sur lui, quand deux coups de feu partirent à la fois; tous s'abattirent sans en tenir compte, mais deux ne devaient plus se relever, et parmi ceux-là était l'amiral.

Pour moi, qui, sur le moment, avais ajusté avec sang-froid, je ressentis un serrement de cœur inexprimable, une fois la fumée de la poudre dissipée, en ne voyant plus que les oiseaux chercher l'appât qu'ils avaient entrevu. Charlie ne paraissait plus; heureusement l'impression fut de courte durée, je sentais le sang se figer dans mes veines, quand la tête ruisselante du matelot se montra à toucher la pirogue; il était revenu entre deux eaux.

— Ah! çà, il y est, s'écria-t-il, en s'accrochant au plat-bord de la baleinière ; savez-vous que ces brigands-là voulaient tout de même me crever les yeux... mais, merci... Vous savez, capitaine, vous m'avez promis double ration...

— Oui, oui, tu l'auras ; mais dépêchons-nous de ramasser le gibier et de rallier le bord.

Le premier à qui nous fîmes les honneurs de la baleinière fut l'amiral, et l'on devine avec quel empressement nous le débarrassâmes de son collier en fil de laiton ; la planchette, en bois mince, qui y était fixée, provenait, comme c'est l'habitude, d'une boîte à cigares, et portait ces mots écrits en anglais avec un fer rouge :

« Bord de l'*Alexander*, allant à Sarah's-Bosom, îles Auckland ; tout va bien. Capitaine J. C.... ; » puis la latitude, la longitude du lieu et la date du jour.

Après avoir rapidement lu :

— J'en étais sûr, nous dit le capitaine C.... ; cela devait m'intéresser, c'est une lettre de mon frère... Charlie, pendant trois jours tu auras double ration.

— Merci, capitaine.

Pauvre garçon ! il ne devait pas toucher en entier sa récompense.

.... La lettre, comme le disait notre capitaine, avait été confiée au porteur, il y avait deux mois, à trois cents lieues environ de l'endroit où le hasard l'avait remise à sa destination.

Le résultat de notre chasse fut onze albatros ; mais il est probable que nous en avions laissé derrière nous quelques-uns qui s'étaient éloignés en nageant ou que les houles nous avaient dissimulés dans leurs creux.

A peine eûmes-nous accosté notre navire, que ceux qui y étaient restés s'écriaient :

— Et l'amiral ! l'amiral ! l'avez-vous?

— Oui, certainement, répondit Charlie, mais j'ai été obligé d'aller le prendre à l'abordage avec les dents.

Ce qui s'était passé fut bientôt expliqué, raconté, commenté, et donna lieu aux récits d'histoires plus ou moins vraies, dont je vous fais grâce.

A peine les albatros furent-ils sortis de l'embarcation, que les matelots s'empressèrent de leur couper les pattes, sans se donner la peine d'achever les blessés, car, d'après eux, s'ils marchent sur le pont du navire, les membranes interdigitales se déchirent et ne peuvent plus servir à confectionner les curieuses blagues à tabac qu'elles fournissent aux marins.

Pour moi, je sauvai de la mutilation l'amiral dont je voulais préparer, pour la conserver, la superbe dépouille : c'était un des plus beaux que j'aie jamais vus ; une mesure exacte de son envergure nous donna quinze pieds trois pouces ; mais, en dépit de l'aide du capitaine, je n'y pus réussir ; ses plumes furent complétement souillées par l'huile découlant de la couche graisseuse qui enveloppait son corps, et je me contentai de ses pattes et des longs tuyaux de pipe fournis par les os de ses ailes.

Dans la soirée de ce jour, le beau temps du matin avait disparu, le vent commençait à souffler par raffales de la partie du sud-ouest, en chassant des ondées d'une pluie fine et glaciale. Les hommes, sur l'avant, venaient de prendre leur repas du soir, lorsque le capitaine, après avoir fait serrer les *perroquets,* donna l'ordre de prendre pour la nuit *un ris aux huniers :* leste, prompt, comme sont tous les bons matelots, Charlie était à *l'empointure du vent du grand hunier,* c'est-à-dire sur l'extrémité de la vergue dominant la mer, — la besogne allait vite ; tout à coup un cri part d'en haut, un de ces cris qui suspendent la vie dans toutes les poitrines..... un homme à la mer !..... je lève les yeux, Charlie n'était plus à sa place.

En une seconde, le navire est lancé dans le vent, les voiles masquées arrêtent son aire, et cinq hommes dans une baleinière font ployer les avirons à les casser ; l'embarcation vole vers un point noir qui, par intervalle, apparaît sur les lames. Nous avons, en outre, pour nous guider, un groupe d'albatros déjà appuyés autour de lui.

Nous espérons tous, Charlie est un si bon nageur !

Cependant, à notre grande surprise, l'objet que nous distinguons n'offre nullement l'apparence d'un homme ; on dirait une grosse vessie qui flotte mainte-

nue par l'air qu'elle contient ; déjà nous'pouvons voir
les oiseaux s'acharner, à coups de bec, sur cet objet
informe : nous reconnaissons le paletot en toile huilée
du malheureux Charlie dont la tête doit être immer-
gée, il est sans doute évanoui. Qu'importe !... Quelques brasses encore nous en séparent à peine... Ma-
lédiction ! Tout a disparu... les albatros ont déchiré
le vêtement imperméable qui, serré autour du cou
et de la ceinture, soutenait le pauvre Charlie sans
connaissance; surpris par sa chute, après un copieux
repas, il s'est enfoncé; nous sommes à la place où
il était... et rien... rien autour de nous que la mer
silencieuse, et au-dessus les albatros qui planent en
tournoyant...

A moi, surtout, témoin de ce qu'il avait fait le
matin, il semblait sans cesse voir apparaître notre
infortuné compagnon. Chaque fois que la lame bri-
sait près de nous, je croyais voir surgir sa tête; si la
mer heurtait nos bordages, il me semblait que son
bras allait s'y cramponner ; mais rien, rien.....

Nous cherchâmes inutilement jusqu'à ce que le
pavillon, hissé à bord du navire, nous fît le signal de
rallier.

Pauvre Charlie ! Ce soir-là même je fis, sur ma
carte, la petite croix dont je vous ai parlé...

Trois mois plus tard, nous jetions l'ancre dans la
rade de Sarah's-Bosom, aux îles Auckland, et le capitaine C.... y rencontrait son frère, commandant le
baleinier américain *Alexander*.

III.

Les Pétrels, les Albatros.

Dans le chapitre précédent, j'ai supposé que nous nous trouvions émbarqué avec un capitaine nous permettant de nous servir de nos fusils contre les oiseaux de mer; mais ce que je n'ai pas supposé, c'est qu'il poussât la complaisance jusqu'à faire mettre une embarcation à l'eau pour aller ramasser nos victimes; d'ailleurs, lors même qu'il en eût la volonté, les exigences de la navigation et une foule de circonstances imprévues pourraient s'y opposer; nous sommes donc réduits à voir flotter dans le sillage du navires les pauvres oiseaux atteints par notre plomb, c'est-à-dire que, des plaisirs multiples de la chasse, nous manque peut-être le plus vif: celui de mettre la main sur le gibier, celui de faire acte de possession.

Il peut arriver, il est vrai, qu'un phaéton, — *paille-en-queue*, — tiré pendant qu'il planait au-dessus de la mâture tombe précisément à bord; mais la chose se présente si rarement que je n'en ai été que deux fois témoin dans mes voyages.

A cette occasion, cependant, je peux encore citer un coup exceptionnel, trop remarquable pour que je l'aie oublié.

Nous revenions de Calcutta, et en dernier lieu de Colombo, île Ceylan; à notre bord se trouvait un grand et gros capitaine d'un régiment de la compagnie des Indes, avec qui je sympathisais fort peu; je peux même ici en dire brièvement le motif : outre l'Anglais, deux autres passagers, un Portugais et un Danois, complétaient, avec les officiers, le personnel de la chambre; or, ces trois messieurs, pour passer leur soirée, avaient pris l'habitude de jouer le whist, et afin que la partie fût complète, ils voulaient me persuader que je devais nécessairement partager le plaisir qu'ils éprouvaient.

Dans les premiers jours, par pure politesse, je fis semblant d'être de leur avis, quoiqu'il fût loin d'en être ainsi, et chaque fois que je voyais le mousse apporter les cartes, j'eusse préféré être obligé d'aller faire une heure de vigie sur les barres du grand perroquet; en vain je prétextais une occupation ou je me sauvais vers l'avant du navire, mon Anglais était impitoyable et savait, bon gré, malgré, me contraindre à faire le quatrième.

Il ne me restait alors qu'une ressource pour abréger la corvée et je ne manquais pas d'en user.

Au premier coup douteux, je m'efforçais autant que possible d'embrouiller la question ; de manière à faire naître la confusion des langues; dans le feu de la discussion, bientôt chacun de mes partenaires, peu familier avec le français, usait de sa langue maternelle, pour soutenir son opinion et ses arguments;

alors les explications de se croiser en anglais, en portugais, en danois ; il en résultait un charivari à ne pas
s'entendre, et moi, pendant cet épisode renouvelé de
la tour de Babel, de m'éclipser sans bruit pour aller
tranquillement fumer ma pipe sur le pont, jusqu'à
ce que le capitaine H... vînt me signifier en grognant
que tous les torts étaient de mon côté ; c'était juste,
je n'avais jamais rien dit.

Afin de dissiper la mauvaise humeur de John Bull,
j'en étais quitte pour lui faire servir un grog un peu
plus chargé que d'ordinaire, mais pas moins, il me gardait rancune et me le témoignait quand je m'amusais
à exercer mon coup d'œil en abattant quelques oiseaux de mer.

Aussitôt qu'il me voyait prendre une arme, il arrivait se camper près de moi, et, sans attendre le
résultat, dès que j'avais mis en joue, avant même que
j'eusse fait feu, j'étais certain d'entendre ce mot, —
manqué ; — c'était, je crois, le seul de notre langue
que l'Anglais eût appris à prononcer distinctement.

Le damier avait beau tomber le ventre en l'air,
l'albatros culbuter, une aile cassée et traînante, toujours ce mot stupide, — manqué, — résonnait à mes
oreilles, et en même temps, pour ne pas avoir à revenir sur ce qu'il avait avancé, le capitaine H... après
avoir fait une pirouette, sur ses talons, s'en allait
sans regarder.

Il avait gagné à cela, que les matelots, dont la
verve sarcastique ne laisse rien passer, ne l'appe-

laient jamais autrement que le capitaine..... manqué.

Pourtant un jour il fut obligé de convenir que je ne manquais pas toujours, comme il lui plaisait de le croire.

Il ventait grand frais de la partie de l'E.-S.-E.; nous faisions bonne route, *trois quarts de largue* filant dix nœuds : une grande quantité d'oiseaux volaient autour de nous, et s'il arrivait à quelqu'un d'eux de s'élever au-dessus du sillage, le vent l'avait bientôt porté presqu'au-dessus du couronnement et il virait de bord à demi-portée de pistolet.

Souvent, j'aurais pu tirer un *damier* ou d'autres pétrels ; mais, me contentant de les suivre de l'extrémité de mes canons, je réservais les balles de ma bonne carabine Lefaucheux pour un albatros, pendant qu'à chacun de mes mouvements, l'Anglais, avec son entêtement britannique et son flegme *idem*, ne cessait de marmoter son éternel *manqué*.

Enfin, j'aperçois très-loin au large, un des grands voiliers que j'attendais ; il arrivait sur nous comme l'éclair, la rapidité habituelle de son vol se trouvant augmentée par la vitesse du courant d'air qu'il suivait.

Sans me hâter, je l'ajuste en pleine poitrine à trente pas environ, mais au moment où je pressais la détente, cette distance était bien diminuée.

Le bruit de l'explosion n'était pas encore éteint, que j'entends l'éternel man..., seulement l'Anglais n'avait pas pu finir le mot; comme il se détournait, l'énorme oiseau, traversé par ma balle, le heurtait en plein dos, le renversait sur la dunette en le couvrant de ses immenses ailes; à peine avais-je eu le temps de me ployer en deux pour éviter le choc.

Cette fois un furieux *goddam* remplaça le mot favori et vint redoubler l'hilarité de l'équipage.

Saint Thomas avait été touché si rudement, qu'il ne lui était pas possible de mettre en doute la vérité, et après l'avoir aidé à se relever, je fus obligé de lui arracher des mains mon oiseau, qu'il voulait jeter à la mer.

Mais, puisqu'on peut faire plus d'une fois le tour du monde avant qu'un pareil cas se produise, si, après avoir prouvé votre adresse de tireur, vous devez tenir à satisfaire votre curiosité, il faut laisser dormir la poudre et prendre les lignes que je vous ai recommandé d'emporter.

Pour les *damiers*, un hameçon n° 6, empilé sur une ligne en bon fil à voile suffira; la ligne doit avoir de quarante à cinquante brasses; à deux pieds environ de son extrémité, on place un flotteur en bois léger ou en liége, dans le but d'empêcher l'hameçon d'enfoncer trop profondément, car les oiseaux qu'il s'agit de prendre ne plongent jamais.

L'appât destiné à tromper leur voracité devra être proportionné à leur taille; prenez, pour les petits pétrels, un morceau de lard de la grosseur d'une noix, tandis que l'albatros en saisit facilement un pesant une demi-livre.

Maintenant filez la ligne à l'arrière du navire, et attention !.... Ces oiseaux avalent d'ordinaire leur proie gloutonnement ; mais, avertis par la résistance de l'hameçon, la plupart du temps, ils hésitent ; aussi le fer ne pique en général que les mandibules, le plus souvent la supérieure, sans s'y enfoncer beaucoup ; et s'il vous arrive, en halant votre capture, de laisser mollir la ligne, l'oiseau en profitera pour vous échapper. Quand vous le voyez pris, il faut une traction régulière, continue, et en dépit de ses battements d'ailes, il arrivera dans vos mains ; alors, défiez-vous, posez-le promptement sur le pont, d'où il ne peut prendre son essor, si vous ne voulez pas être infecté par la matière huileuse, nauséabonde, qu'il va vomir en se sentant captif.

Tout ce que je viens de dire, sauf la différence des lignes et des hameçons, s'applique également à l'albatros ; mais ce dernier oppose souvent une excessive résistance.

Je me rappelle avoir vu l'un d'eux, de la plus grande taille, tenir en échec un jeune mousse ; l'enfant, dans sa joie, avait entouré sa ligne autour d'un de ses bras, pour éviter qu'elle lui déchirât les mains ; mais l'oiseau, ses grandes ailes ouvertes, ses larges pattes étendues, le corps renversé en arrière, prenait dans l'eau un tel point d'appui, qu'après de longs et vains efforts, le mousse fut obligé de crier

au secours ; l'ayant entendu, j'arrivai à son aide,
il était temps : je le vis penché sur la tringle en
fer servant de garde-fou à la dunette, ne pouvant ni larguer la ligne, ni l'attirer à lui ; et je ne
sais ce qui se fût passé si je ne lui avais prêté main-
forte.

Il peut arriver, quand vous amenez l'oiseau, qu'une
haute vague le soulève et lui communique une im-
pulsion qui lui permet de déployer ses grandes ailes
et de prendre le vol. Vous le hâlez alors à vous
comme un cerf-volant.

Les matelots font souvent servir leurs prisonniers
à de barbares amusements ; ainsi, ils attachent à chaque patte de l'albatros un damier, au moyen de liens
de huit à dix pieds de longueur et envoient le tout
dans l'espace : tiraillé en tout sens, le vigoureux voilier entraîne sa remorque, monte, s'abaisse, donne
des coups d'ailes pour se débarraser ; peine inutile,
bientôt lassé, on le voit s'abattre sur les flots, où
s'engage une lutte qui a pour prompt résultat la
mort des pétrels.

Je crois inutile de vous défendre de semblables
cruautés, puisqu'il est convenu que je m'adresse à
des chasseurs.

Le seul conseil qu'il me reste à vous donner, c'est
de ne pas oublier de vous munir des préparations
arsénicales indispensables pour conserver les dépouilles de ceux de ces curieux palmipèdes que vous
pourrez vous procurer ; plus tard, un habile prépa-

rateur à qui vous les confierez, saura leur rendre les apparences de la vie.

Ce faisant, vous vous ménagerez de fréquentes oc-casions de raviver vos souvenirs, et ces pauvres vic-times de vos exploits, en rappelant à vous les cour-ses lointaines, à vos amis les longues absences, dou-bleront pour les uns et les autres le bonheur que vous éprouverez, lorsqu'au retour, après bien des fa-tigues et des dangers, vous vous reverrez enfin parmi ceux dont la pensée vous aura toujours été chère et qui vous auront si longtemps attendu.

II

UNE DE MES NUITS

DANS LA SIERRA DE SAN-BRUNO.

A l'époque où se passa l'aventure que je vais raconter, vers le commencement de l'année 1850, on pouvait regarder la Nouvelle-Californie comme un des plus beaux pays de chasse des deux Amériques.

Aussi, beaucoup de nos compatriotes s'y livraient-ils à un braconnage effréné, mais sans sortir de la contrée boisée qui s'étendait de San-Francisco à la Mission de Dolores, et des marais longeant la Baie aux Falaises qui bordent l'Océan.

Le terrain compris entre ces limites était en partie couvert d'énormes massifs de chênes-verts rabougris : sous leur abri fourmillaient des milliers de lapins buissonniers, c'est-à-dire sans clapiers, tandis que de nombreuses bandes de collins ou perdrix à huppe de la Californie, se cachaient dans leurs cimes touffues.

Au moment de mon arrivée, une douzaine des uns et des autres se vendait 6 piastres (30 francs), aux hôtels ou restaurants de la ville; pour les tuer, il suffisait en moyenne d'une ou deux heures de promenades, le matin, au lever du soleil, lorsque les pauvres bêtes, tranquilles dans les clairières, attendaient ses premiers rayons pour sécher leurs fourrures ou leurs plumes humides de rosée.

Presque tous nous avons ainsi modestement débuté; mais nous n'en sommes pas tous restés là.

Pour mon compte, j'eus bientôt assez de ce massacre des innocents, et j'aspirai à des résultats moins faciles, mais qui flattaient autrement mes instincts de chasseur.

Je me décidai donc à aller, en compagnie de deux coureurs comme moi, camper à vingt lieues à peu près de la ville.

Notre but étant non-seulement de tuer, mais encore de tirer parti de nos victimes, nous nous associâmes un quatrième personnage; son apport social fut un wagon, espèce de char-à-bancs à quatre roues, et deux mules pour attelage; le tout destiné à transporter au marché, afin de le vendre, le produit de nos chasses.

L'affaire fut à souhait pendant les premiers temps,

et pour que le lecteur s'en fasse une idée, il lui suffira de savoir qu'au bout de deux mois, nous avions
abattu douze cents pièces de menu gibier, lièvres,
lapins, perdrix, oies, canards sauvages, etc., etc.;
de plus, deux cents grosses bêtes comprenant toutes
les variétés de cerfs et de daims de la région; enfin,
pour complément, une demi-douzaine d'ours bruns
ou noirs, un de ces derniers avait pesé plus de sept
cents livres américaines.

Maintenant, je ne porte pas en ligne de compte
les coyottes, les loups, les chats sauvages, dont beaucoup apprirent à leurs dépens, que nous ne voulions
pas partager avec eux.

Il est facile de penser que de pareils résultats ne
furent pas obtenus sans fatigues; mais malheureusement nous avions encore moins que nous, épargné
l'équipage de notre associé, si bien qu'un beau jour
nous vîmes celui-ci retournant seul, venir nous annon-
cer que gibier, wagon, mule, tout était dans un bour-
bier, le pauvre diable y avait laissé jusqu'à ses bottes.
Une fois sur les lieux, nous trouvâmes une des mules
complétement engloutie et asphyxiée; l'autre, il nous
fut impossible de la tirer, vu son état de faiblesse,
et pour consoler son propriétaire, nous dûmes lui
faire comprendre combien il était heureux de ne pas
être resté dans la fondrière; puis, faute de moyens
de transport, nous liquidâmes la société.

Avant le hasard qui nous avait réunis pendant deux
mois, je n'avais jamais vu ceux qui furent mes ca-

marades, je ne les ai jamais revus depuis, à mon grand regret, car nous aurions pu nous rappeler de bien beaux coups de fusil.

Notre séparation eut lieu dans un *bar-room* monté par des Français, sur la route de San-Francisco au pueblo de Los Angeles, près du théâtre de nos exploits : de là, un d'eux se dirigea vers la ville, l'autre, lui tournant le dos, prit le chemin des mines, et votre serviteur qui avait encore envie de brûler de la poudre dans ce paradis terrestre pour un chasseur, resta entre les deux.

Non-seulement après avoir goûté de cette existence demi-sauvage que nous avions menée, il m'en coûtait de l'abandonner aussi vite; mais j'étais surtout possédé d'une idée fixe qui me suivait nuit et jour. Jusqu'à ce moment, les ours que nous avions tués étaient tombés sous les décharges successives des deux rifles de mes associés et de la bonne carabine à double canon sortie des ateliers de MM. Gastine et Renette, dont j'étais armé; eh bien! ces heureux résultats, loin d'avoir satisfait mon ardeur, n'avaient fait que l'exciter : je n'aurais pas pour tout au monde, quitté ces parages sans m'être trouvé seul en tête-à-tête avec un de ces redoutables animaux; dans nos rencontres avec eux, j'avais pu apprécier leur force, leur courageuse défense, mais j'avais appris également qu'en leur présence je ne ressentais aucune émotion, que je conservais mon sang-froid, et que la balle cylindro-conique sortie du canon gauche de ma bonne arme pouvait foudroyer un ours de la plus grande taille, il ne s'agissait que de tirer à cinq ou six pas; ayant déjà une fois attendu à cette distance, un d'eux, que ses blessures avaient rendu furieux, j'étais certain de recommencer impunément pour moi la même manœuvre à la première occasion.

En attendant, je m'amusais à chasser dans la plaine les lièvres et les daims attirés par le gazon qui commençait à verdir.

Contre eux je ne me servais que de mon fusil, le coup droit chargé avec du plomb, le gauche d'une balle toujours soigneusement enveloppée d'un morceau de toile de coton imbibée d'huile; avec ce soin, j'ai souvent obtenu une précision remarquable.

Un dimanche matin, s'il m'en souvient bien, ce devait être le premier dimanche du mois de mars 1850, je flânais mon arme sur le bras à travers des bouquets de chênes, de lauriers, d'arbousiers, explorant avec soin les espaces découverts qui les séparaient, pour y surprendre quelques daims encore au gagnage, lorsqu'à travers un buisson j'aperçois un jeune mâle pouvant prendre sa troisième tête.

Loin de soupçonner ma présence, le pauvre animal broutait tranquillement les bourgeons d'un arbuste, ne s'interrompant que pour redresser sa gracieuse encolure, pointer sa large oreille en avant et faire entendre un petit cri d'appel adressé sans doute à une compagne que je ne pouvais voir; puis arquant son échine, il faisait quelques pas en s'éloignant de

l'endroit, où immobile, l'arme à l'épaule j'attendais
qu'il me présentât le travers pour ajuster ; une trentaine de pas nous séparait et j'allais faire feu, quand
une des branches parmi lesquelles j'avais glissé mon
fusil, heurta le crochet de la bretelle, au bruit il se
détourne, ses grands yeux cherchent à percer l'abri
qui me couvre ; mais le coup est parti, j'ai entendu
à la fois la balle frapper et un bêlement plaintif, le
daim n'a eu que la force de plonger dans un buisson
près de lui. Pour moi, je m'élance à travers les broussailles d'où déboule un énorme lièvre que je pelote,
à deux enjambées de l'endroit où j'apercevais sur le
flanc mon daim qui ne donnait plus signe de vie.

Quelques minutes plus tard, étendu sur l'herbe,
ayant à mes pieds les deux pauvres bêtes tombées
victimes de mon habitude de chasseur, je lançais vers
le ciel en spirales vaporeuses la fumée de ma pipe,
et rêvais.

Le plaisir du succès s'était promptement évanoui,
n'étant pas alimenté par la satisfaction de l'amour-
propre, de la vanité, car j'étais seul, nul n'avait été
témoin du coup double que je venais d'exécuter si
heureusement, personne pour applaudir à mon
triomphe, aussi j'en fus bientôt rassasié, et après
avoir fourré le lièvre dans mon carnier, suspendu
aux branches d'un chêne le daim que je me proposais de venir chercher à cheval, je rejetai mon
fusil derrière mon épaule et les mains dans mes poches, je repris la route de mon hôtellerie, bien plus

insouciant de ce qui venait de m'arriver que ne l'est le lendemain d'une ouverture de chasse, un bourgeois de Paris, au souvenir de l'alouette qu'il a manquée sur un sillon.

Je pouvais avoir déjà parcouru un petit quart de lieue, lorsque le pas d'un cheval attire mon attention; je me détourne, et je vois près de moi, dans le sentier que je suivais, deux individus, l'un monté, l'autre à pied.

— Bonjour, monsieur, me dirent-ils à la fois.

— Salut, messieurs.

— Est-ce vous qui avez tiré deux coups il y a un instant?

— Oui.

— Vous avez tué?

— Le lièvre que vous voyez, et un daim que j'ai laissé sur place; mais à propos où allez-vous, sans indiscrétion?

— Au *rancho* de S..... chercher une génisse qu'il doit nous vendre.

— Ainsi vous passerez devant la *tiende* des Français Louis et Auguste?

— Mieux que cela, nous comptons nous y arrêter, pour y prendre quelques bouteilles de rhum avant de regagner la montagne.

— Puisqu'il en est ainsi, vous seriez aimables, messieurs, de me rendre un service.

— Comment donc, mais de tout cœur, si nous le pouvons.

3.

— Mon Dieu, ce serait de prendre en croupe derrière vous la bête que je laisse sur le lieu où elle est tombée, pour me l'apporter précisément où vous allez.

Deux heures après, je remerciais mes nouvelles connaissances en leur offrant quelques verres d'excellent bordeaux ; et je recevais d'eux les renseignements suivants :

— Des ours ? me disait celui qui avait pris la parole pour répondre à mes questions, mais nous en sommes entourés, presque tous les jours nous en voyons quelques-uns.

— Et vous ne les chassez pas ?

— Dieu nous en préserve, d'abord nous ne sommes chasseurs ni l'un ni l'autre, et n'avons pour deux qu'un vieux fusil de munition ; nous les laissons librement circuler, eux nous permettent de rester tranquilles ; nous n'en voulons pas davantage. Voilà bientôt deux mois que cela dure, mais cette existence tire vers sa fin ; nous avons gagné chacun à peu près cent cinquante piastres, et nous allons partir pour les mines : n'est-ce pas, Durand ?

— Le plus tôt possible, oui, seulement j'ai une crainte, c'est que la génisse que nous devons emmener là-bas, ne nous mette sur le dos quelqu'un de nos voisins ; ces diables sentent la viande fraîche d'une lieue.

— Ma foi, nous en serons quittes, reprit l'autre, pour abandonner ce qui leur fera plaisir, et garder le reste : cela nous est déjà arrivé, tu le sais bien.

— Comment, ils vous ont pris...

— Trois quartiers sur quatre d'un jeune taureau que nous avions acheté il y a un mois; depuis, nous nous sommes contentés de haricots et de pois secs.

— Vrai comme j'existe, si vous ne rejetez pas mon offre, il n'en sera pas ainsi aujourd'hui, acceptez-moi comme protecteur de vos provisions.

— Quoi, vous voudriez venir à la *Canada?*

— Certainement.

— Mais nous sommes là comme de vrais sauvages.

— Que m'importe, cela rentre dans mes habitudes, je viens de passer deux mois à chasser n'ayant pour abri qu'une ramate.

— Oh! vous trouverez une place dans notre baraque en écorce.

— Et des ours?

— Tant que vous en voudrez, mais soyez prudent, pas de sottises au moins.

— Restez tranquilles, maintenant, allez chez S.... chercher ce qu'il vous a promis, je vous attends au retour. Je vais faire mes préparatifs, et m'occuper du liquide... c'est convenu.

Le soir de ce même jour, un peu avant le coucher du soleil, après une marche de trois heures dans la sierra de San-Bruno, nous arrivions à l'endroit connu sous le nom de Cagnade Saint-Sevin.

C'était une gorge profonde, encaissée entre d'énor-

mes blocs de roches granitiques ; de leurs anfractuosités s'élevaient de gigantesques sapins, la déclivité
de la pente les avait fait épargner par les haches de
mes compagnons, qui n'avaient pas ménagé de même
tous ceux dont l'exploitation avait été plus facile.

Aussi une vaste clairière s'étendait autour de leur
hutte dressée tout à fait sur les bords du ravin.

Vis-à-vis d'elle deux arbres servant de pont, renversés l'un près de l'autre, mettaient les deux bords
en communication, et avaient permis de travailler
sur l'une et l'autre rive.

Immédiatement au-delà de l'espace dépouillé d'arbres, à une distance de cinq à six cents pas de chaque côté de la Cagnade, recommençait la forêt de
sapins, dont la sombre verdure interceptait tout autour l'horizon.

Il n'existait à leurs pieds que de maigres buissons
de noisetiers sauvages, quelques lianes s'étaient en-
roulées autour des troncs ; mais faute d'air et de sève,
étouffées par leurs puissants supports, leurs tiges flétries retombaient vers la terre.

Le silence n'était parfois interrompu que par les
cris plaintifs des écureuils gris, la chute d'un pinon,
ou les coups de bec d'un pic charpentier aux ailes
de feu, sur l'écorce d'un arbre.

Quant au murmure du petit aroyo qui coulait
limpide sur un lit de cailloux, au fond de la gorge,
il ne venait pas jusqu'à nous, et mourait étouffé dans
sa profondeur.

Je fus arraché à l'admiration contemplative dans laquelle m'avait jeté l'aspect de cette majestueuse solitude par les aboiements continus d'un grand chien noir, aux flancs étriqués, au ventre retroussé, moitié mâtin, moitié lévrier, accouru à notre rencontre.

— Vous voyez me dit alors un de ceux que j'avais suivi, le concierge, le gardien du château.

Certainement je le voyais, même avec une certaine inquiétude pour mes jambes, autour desquelles il tournait en grognant, la queue basse, le poil hérissé, les mâchoires entr'ouvertes, comme un chien mal appris, ou plutôt ne comprenant pas qu'autre que lui et ses maîtres pût se rendre en pareil lieu.

Je me rappelais heureusement avoir mis dans mon carnier quelques biscuits de bord, j'en tirai un, et lui en offris la moitié; après cette prévenance, et quelques caresses, toute défiance fut évanouie, nous étions camarades.

Cependant, il nous fallait profiter du peu de jour qui restait pour tuer et dépecer la génisse amenée jusque-la à l'aide d'un lasso.

Ce fut bientôt fait, je lui logeai une balle entre les deux yeux, la pauvre bête s'abattit sans donner signe de vie; puis quelques coups de hache l'eurent promptement partagée en quatre parties à peu près égales que nous transportâmes à l'aide d'un brancard improvisé avec deux fortes branches, jusqu'à la cabane.

Comme nous y portions le premier quartier:

— Ma foi, dis-je à celui qui m'aidait, nous avons

été maladroits, et pour nous éviter la peine que nous prenons, il eut suffi de faire marcher l'animal plus près de votre logement.

— Dites donc plutôt que nous avons été prévoyants, ainsi nous quittons à deux cents pas de nous les intestins, le sang, tous les débris enfin qui suffiront peut-être pour détourner les bêtes dont ils vont attirer l'attention ; attendez la nuit, la place sera bientôt nette : je désire seulement qu'elles en laissent assez aux ours pour les empêcher de venir prendre ce que nous nous réservons.

— Mais nous allons rentrer tout cela dans la cabane.

— Oui, et le suspendre comme l'étaient les quartiers du taureau qu'ils ont su décrocher déjà une fois, seulement ils y allaient de si bon cœur, que pendant un moment nous pûmes croire qu'ils emporteraient non-seulement la viande, mais encore le garde-manger.

— Vous les avez vus?

— Comme je vous vois : il était sept heures du matin à peu près, les deux enragés qui firent ce beau coup passèrent à nous toucher, pendant que nous travaillions près d'ici.

— Je peux donc espérer en voir en plein jour?

— Certainement, la nuit vous les entendrez descendre de la montagne vers la plaine ; le matin, vous les verrez au retour regagner leurs gîtes.

Tout en causant nous avions fini de loger les pro-

v'sions, hors deux ou trois livres de filet gardées pour
le repas du soir. Maintenant, pendant que mes compagnons allument le feu, fourbissent la poële, et que
Dig (c'est le chien) grogne là-bas après les coyottes
qui flairent ce que nous avons abandonné, je vais vous
décrire notre habitation qui, pour le quart d'heure,
ne ressemble pas mal à un étal de boucher; ce sera
bientôt fait, et je n'oublierai pourtant aucun des
meubles qui la garnissent.

La charpente se compose de perches fichées en
terre, elles forment le cadre de trois côtés de la hutte,
le quatrième qui la fermerait n'existe pas, elle est
ouverte comme un hangar; quelques légères barres
horizontales sont reliées aux perches au moyen de
lanières en cuir, celles qui supportent la couverture
ont été fixées par le même procédé. Le dessus, les
côtés sont flanqués de longues bandes d'écorces de
sapins, une seule pointe au milieu de leur largeur
les assujettit aux barres perpendiculaires et horizontales; en séchant, les écorces se sont racornies, ré-
trécies, de sorte qu'il existe entre leurs bords de
larges solutions de continuité, aussi Dig qui vient
d'arriver repu, s'élance par une de ces longues fenêtres sur le lit de camp, remplissant le fond de la hutte,
et va y digérer en paix, peut-être à la place que j'oc-
cuperai cette nuit.

Les planches qui forment la longue couchette sont
élevées sur des piquets au-dessus du sol, et recouvertes
d'une épaisse couche de mousse d'Espagne.

L'entrée est partagée en deux par un énorme tronc de sapin qui a été coupé à trois pieds de terre, il forme une table solide, mais à poste fixe; tout autour des tas de cendres, de charbons, disent que pour passer de la cuisine à la salle à manger, les mets ne doivent pas avoir le temps de refroidir.

Pour finir, voyez à l'intérieur, à gauche en entrant, deux barils défoncés par un bout : le premier, le plus grand, plein d'une belle farine blanche; le second d'une vilaine graisse jaune, exhalant une terrible odeur de rance; un sac demi-vide contient des haricots, des pois, leurs germes développés annoncent l'approche du printemps; vis-à-vis, une marmite en fonte, et enfin suspendu à un clou un vieux fusil de munition, il m'inspire une telle confiance que, si j'étais contraint de le tirer sur quelqu'un je proposerais à ce quelqu'un de changer de place. Au-dessus de tout cela une étagère, garnie de bouteilles vides, quelques tasses, deux ou trois boîtes en fer-blanc ayant autrefois contenu des conserves, et vous aurez une idée précise de la demeure où venait de me conduire l'envie de tuer un ours.

Mais pendant que j'en ai fait l'inspection la nuit est venue et avec elle l'heure du dîner, promptement expédié, et après avoir avalé quelques gorgées de rhum pour le dessert, tous trois nous mîmes à entasser près du feu les branches de pins destinées à l'alimenter pendant notre sommeil, et à écarter peut-être d'im-

portuns visiteurs; puis mes compagnons furent s'é-
tendre sur le lit de camp.

Quant à moi, ayant rappelé le chien, pris ma carabine, allumé ma pipe, je traversai le pont et fus
m'asseoir à l'autre extrémité, les jambes pendantes
au-dessus du ravin, le dos appuyé le long d'un arbre, sa base était quarante ou cinquante pieds plus
bas.

Dig, dont quelques instants de repos avaient probablement ravivé l'appétit, passa outre pour aller sans
doute vers les abattis que nous avions laissés; mais
il était trop tard, la place était prise, et je le vis revenir bientôt, escorté par de grands loups qui ne
s'arrêtèrent qu'au mouvement que je fis pour me lever, je pus alors les voir retourner à toutes jambes
vers la curée.

A ce moment, derrière moi, la lumière de la lune
presqu'au plein, commençait à filtrer à travers le
feuillage aiguillé des sapins, et ses rayons obliques
projetaient dans la clairière une pâle lueur; pendant
que la flamme du brasier par nous allumé devant la
cabane, colorait en teintes vives et rougeâtres les
objets à sa portée.

De ce côté tout était immobile, silencieux, de l'autre au contraire, je voyais sans cesse circuler les
formes confuses des coyottes, qui venaient me reconnaître, se rasant près du sol, puis détalaient au
plus vite après m'avoir éventé: tandis que je pouvais
souvent distinguer la silhouette d'un loup, tranquil-

lement assis sur son derrière, à peu de distance, ayant l'air de se demander ce que je faisais là.

Plusieurs fois même j'aperçus quelques-uns de ces animaux entièrement blancs; mais ils avaient disparu comme des fantômes sans que j'eusse pu leur envoyer une balle qui m'aurait peut-être procuré une belle fourrure; quant aux autres, ils n'en valaient pas la peine.

J'étais prévenu que les ours ne passaient que vers les dix heures du soir, et avec la presque certitude que j'avais d'en rencontrer le jour, mon intention n'était pas de les attendre la nuit; aussi après avoir joui de la soirée, lorsque la brume s'élevant du vallon, jointe à la fraîcheur qui règne toujours dans les bois, vint me causer une impression de froid, je ralliai la cabane dont les maîtres dormaient profondément.

Je mis en passant quelques branches dans le feu, puis je m'étendis dans un coin près des dormeurs, mais non sans avoir eu la précaution de placer ma carabine à portée de la main.

En attendant le sommeil, j'écoutais les cris confus qui partaient de la forêt : c'étaient les glapissements des coyottes, les hurlements des loups, parfois des cris plus forts les dominaient, je les attribuais aux ours ou à quelques couguards; peu à peu les bruits arrivèrent confus à mes oreilles, mes yeux ne s'ouvrirent plus aux clartés subites que lançait par intervalle en pétillant la flamme de notre foyer.

Je m'endormis.

Combien dura mon sommeil? peu de temps, je le pense, car lorsque les aboiements réitérés de Dig, couché sous le lit de camp, se firent entendre le feu était encore bien vif.

Ainsi réveillé en sursaut, mon premier mouvement fut de pousser mon voisin et de lui dire :

— Qu'a donc votre chien?

— Rien, rien, répondit celui-ci, se tournant d'un autre côté, un ours sans doute.

— Mais s'il vient ici?

— Eh bien, Dig s'en ira.....

Une seconde après, il ronflait comme son camarade qui n'avait pas bougé : pour moi, sur mon séant, je cherchais à reconnaître ce qui alarmait ainsi la vigilance de notre gardien.

Lorsque tout à coup, cessant d'aboyer, il s'élança par-dessus le brasier, et je l'entendis gronder sourdement dans la direction du ravin ; en même temps je reconnus le craquement des branches mortes qui couvraient le sol, sous des pas lourds et lents comme ceux d'un bœuf, et qui se rapprochaient sans cesse.

Un ours était là, il ne pouvait y avoir le moindre doute.

Etions-nous exposés? je n'en savais rien, j'étais même loin de le croire, aussi lorsque je m'élançai à bas de la couchette et réveillai brusquement mes compagnons, je cédai plutôt à un mouvement d'impatience nerveuse de les voir si tranquilles, qu'au

besoin de les prévenir du danger ou de leur demander
un aide que je les supposais peu capables de fournir.

Quant à eux, réveillés, mais sans remuer, ils s'é-
crièrent :

— Ah ! mon cher monsieur, le diable vous emporte ! il n'y a pas moyen de dormir avec vous.....
qu'avez-vous donc ?

Je n'avais pas eu le temps de répondre, qu'une
patte énorme, velue, passait entre deux bandes d'é-
corce pour s'abattre pesamment sur l'épaule d'un
de mes dormeurs, et implantait dans ses chairs les
griffes dont elle était armée.

Deux cris épouvantables se confondirent en un seul,
celui du malheureux qui se débattait sous cette puissante étreinte, et celui que poussa la bête féroce en
cherchant à attirer la proie quelle tenait : j'avais saisi
ma carabine avec la rapidité de la pensée ; mais où
tirer? je ne voyais que le corps de celui qui se soule-
vait pour s'échapper, en criant au secours... et comme
je me pécipitais dehors pour faire le tour de la hutte,
et décharger mon arme à bout portant, j'aperçus un
éclair, l'autre avait saisi une hache, et venait d'en
frapper un violent coup sur la seule partie de l'ours
visible à l'intérieur.

Cruellement blessé, au lieu de fuir, l'animal dans
un vigoureux effort en avant, renversa le fond de la
cabane, et au moment où j'épaulais ma carabine, disparaissait sous les perches, et presque toute la couverture qui venait de s'abattre sur lui.

J'éprouvai, on doit le croire, un instant d'angoisse inexprimable, je n'avais devant moi qu'un amas confus de débris qui craquaient, se soulevaient, trahissant les mouvements de ceux qui étaient dessous. En bien moins de temps que j'en mets à l'écrire, la hutte se trouva bouleversée de fond en comble.

Tout à coup une vive lumière vint éclairer la scène; quelques fragments d'écorce résineuse, tombés sur le brasier, avaient pris feu, et j'aperçus en même temps debout, s'élançant à côté de moi, ceux que j'appelais; un d'eux une hache à la main, l'autre un fusil.

En dépit de la flamme qui gagnait avec rapidité, nous entendions l'ours crier, hurler et secouer avec fureur un objet encore invisible comme lui.

Nous n'avions pas échangé une parole, deux de nous se tenaient, leurs armes dirigées vers l'amas informe que la flamme allait entièrement envahir, le troisième, sa hache levée, attendait aussi le dénouement.

L'ours n'avait pas été assez grièvement blessé pour se laisser griller tout en vie, il allait chercher à fuir; le ferait-il sans nous attaquer et nous-mêmes pouvions-nous le laisser partir après une pareille alerte?

Toutes ces pensées se heurtaient dans ma tête, quand une terrible détonation se fit entendre; le fusil de munition était parti, mais le tireur qui venait d'en loger la charge dans le flanc droit de l'ennemi, gisait renversé par le recul, une épaule presque luxée.

Cependant la flamme m'éclaire, je repousse vivement celui qui, sa hache haute, se trouve à la portée de l'ours, — et comme dressé, debout, l'animal étend ses formidables pattes pour saisir les canons de ma carabine presque sur sa poitrine..... je fais feu des deux coups.

Il tombe sur le côté, nous entendons un son rauque étouffé.....

Il était mort.

C'était un ours noir, vieux, énorme; et un de mes compagnons, sinon tous deux, n'avait certainement dû son salut qu'au hasard heureux qui avait mis entre les pattes de la terrible bête, un quartier de la génisse sur lequel elle s'était acharnée, leur laissant le temps de se dépêtrer et de fuir.

Pour moi, après les félicitations que nous nous adressâmes mutuellement, je me répétais encore :

— Quel guignon ! je ne pourrai donc jamais dire, qu'à moi seul j'ai tué un ours !

III

UN COUGUARD

TIRÉ..... A LA COURTE PAILLE.

Je me reposais à San-Francisco depuis trois semaines, d'une course vers les placers du sud, pendant laquelle j'avais reçu sur un genou, un violent coup
de pied d'une mule mexicaine : on me dit que j'avais
eu le tort de ne pas lui parler assez clairement la
langue de son pays. Dieu sait, si c'était ma faute ; quoi
qu'il en fût, je boitais encore un peu, mais n'en désirais pas moins une occasion pour partir.

Cependant les distractions ne m'avaient pas manqué, j'avais vu deux incendies, l'un avait brûlé un
tiers de la ville ; j'avais assisté à plusieurs discussions dans les maisons de jeu de l'*Eldorado, la Loui-*

siana et autres, discussions qui s'étaient terminées à coups de revolvers; un des arguments échangés entre les partenaires me siffla même un soir, si près des oreilles, que je sortis, me promettant de ne plus mettre le pied dans ces bouges, et je me suis tenu parole.

Mais que pouvaient faire à l'époque, à San-Francisco, ceux qui ne jouaient pas, ne voulaient pas voir jouer, et n'avaient ni à perdre ni à gagner aux incendies? Ils s'ennuyaient, j'en étais là.

Pour en finir, après avoir en vain attendu un compagnon, en désespoir de cause, un certain soir, je pris armes et bagages, et ayant longé *Montgomery-Street*, sur ses trottoirs en planches, je commençais à enfoncer jusqu'à mi-jambes dans les sables de la route conduisant à la mission de Dolores, lorsqu'un individu qui croisait mon chemin, et paraissait venir du camp français m'interpella ainsi en riant :

— Eh! mon cher, vous voilà armé comme devait l'être défunt Marlborough quand il allait en guerre; où diable allez-vous?

Quoique le son de voix de l'inconnu éveillât en moi quelques confus souvenirs, l'ironie de ses paroles allait lui attirer une vive réponse, mais je n'en eus pas le temps : à la clarté qui s'échappait des fenêtres d'une *Fonda* mexicaine, devant laquelle nous étions arrêtés, je venais de reconnaître de P... que j'avais connu autrefois en France, et retrouvé depuis en Californie.

— D'abord, lui dis-je, vous le voyez, je quitte la ville, me rends à la Mission où je vais coucher, et demain, je l'espère, je serai dix lieues plus loin; je m'ennuie à mourir ici.

— Mais enfin, au bout du compte, où vous rendez-vous?

— Je n'en sais rien, je veux courir, chasser, mais où, Dieu le sait.

— Ainsi, vous n'avez pas de but fixe?

— Aucun, j'espère cependant rencontrer d'ici le *Pueblo*, quelques Français qui chassent dans ces parages, et si je m'y trouve bien, séjourner avec eux avant d'aller plus loin.

— Tenez-vous beaucoup à prendre cette direction?

— Du tout.

— Alors venez avec moi.

— De quel côté?

— Au-delà de la baie, au rancho de don C.., si cela vous convient nous y passerons quelques jours, vous pourrez courir, chasser; la contrée est magnifique, qu'en dites-vous?

— J'accepte, mais vous-même quels sont vos projets?

— De me reposer avec quelques amis qui m'attendent, d'une promenade que je viens de faire dans la Basse-Californie.

Il n'avait pas fini, que je me reprochais l'indiscrétion de ma demande, je me rappelais en effet avoir

4

entendu dire que de P... avait beaucoup mieux que
des amis au rancho de don C...

— Enfin, quand partons-nous? lui dis-je.

— De suite, ma baleinière est auprès du grand
Warf, si la mer est haute, dans une heure et demie
nous serons à la pointe de San-Jose ; venez, nous
allons voir cela.

Au moment de notre arrivée à l'endroit où se
trouvait l'embarcation, la marée montante commençait à la bercer et à couvrir la vase du rivage.

— Attendez-moi cinq minutes, me dit alors de P...,
et en route ; commencez si vous voulez à larguer
l'amarre, je reviens.

Comme je finissais, il était de retour, apportant
deux paniers de champagne ; lorsqu'ils furent arri-
més, nous établimes la voilure de la légère barque,
qui sous l'effort d'une jolie brise d'ouest, sembla
voler vers le but de notre voyage.

Bientôt, nous laissâmes derrière nous les nombreux navires encombrant la rade ; et leurs coques,
leurs gréements se fondirent dans le banc de brume
qui pesait sur la côte ; lorsque les brisants de l'île
des Pélicans, se montrèrent à notre avant.

Loffez, me cria de P... qui interrogeait l'horizon,
pendant que je tenais l'aviron servant de gouvernail.

La roche dépassée, rien jusqu'à l'arrivée ne solli-
citant notre surveillance, nous commençâmes à parler de nos chasses, de nos aventures dans cet étrange

pays; les divers récits que nous échangions, mêlés
à des souvenirs de plus vieille date abrégèrent tellement la traversée que lorsque nous découvrîmes,
à un mille à peu près devant nous, un feu qui nous
indiquait le point où nous devions attérir, nous fûmes étonnés d'être si près.

— Voyez, me dit de P..., on nous attend ; gourver-
nez en plein sur le feu, il est à l'entrée de l'*Estero*
de *San-Jose.*

Nous y fûmes bientôt; le ranchero chez lequel
nous allions, avait eu la précaution d'envoyer là deux
de ses serviteurs, les Péons Manoël et Bénédict, tous
deux étaient à cheval.

— Ohé ! Bénédict, cria de P...

— Voilà, senor.

— Allons, prends ce panier et donne-moi ton cheval. — Qui est avec toi ?

— Manoël.

— Eh bien, lui va prendre l'autre panier, les armes du senor Henry, et lui laisser son cheval.

— Mes armes? en vérité mon cher, quelle plaisanterie, ils auront bien assez de ce que vous leur avez
remis, si nous allons loin.

— Je pensais qu'elles pouvaient vous embarrasser.

Pour lui prouver le contraire, j'étais déjà en selle;
ma courte carabine en bandoulière et mon fusil double posé devant moi en travers sur l'arçon, à la mode
américaine.

Quant à de P..., il allait trouver au rancho armes

et bagages expédiés à l'avance, et n'avait probablement sur lui, au fond de quelque poche, qu'un revolver, ce complément indispensable au temps dont
nous parlons, de tout habitant de la Nouvelle-Californie.

A peine si ceux que nous laissions derrière purent
entendre ces mots qui se perdirent dans le bruit du
galop de nos chevaux et que leur cria mon compagnon :

— Vous autres, attention aux paniers.

La distance que nous avions à parcourir était à peu
près de cinq à six mille; ce fut l'affaire d'une demi-
heure, forcés que nous étions de ralentir fréquemment l'allure de nos chevaux dans les fourrés; et
vers les neuf heures du soir nous mettions pied à
terre à la porte du rancho.

De P... ne m'avait pas trompé, des amis l'attendaient
en effet. Chez le maître du lieu se trouvaient réunis
quatre ou cinq rancheros voisins; l'accueil que nous
reçûmes de tous aurait pu effacer les traditions de
l'hospitalité écossaise, mais je dois avouer pour tout
dire, que si la sympathie, l'amitié y étaient pour
beaucoup, je crois bien que de P... inspirait un plus
doux sentiment à une jeune et belle Californienne
dont j'observais la physionomie à notre arrivée; ses
grands yeux noirs exprimèrent avec tant de feu le
bonheur qu'elle éprouvait, qu'en regardant celui
qu'elle ne perdait pas de vue, je ne pus m'empêcher
de me dire, heureux mortel! et reportant mes regards sur elle, pauvre enfant!...

Puis arrivèrent les Péons et leurs précieux far-
deaux qu'ils déposèrent devant don C..., à qui ils
étaient destinés.

La gaieté expansive qu'excita l'aspect du contenant
ne fut pas diminuée, on le pense bien, par l'exploitation du contenu : une heure après, les Californiens
autour d'une table où l'un d'eux taillait le *monté,*
jouaient, riaient, bavardaient, buvaient surtout à qui
mieux mieux ; pendant que dans un coin de l'appartement, je contemplais tour à tour le bruyant tableau qu'ils m'offraient, et derrière eux dans l'ombre
le groupe plus silencieux, mais peut-être non moins
agité que formaient de P... et la belle Juana.

Personne assurément ne niera qu'il soit fort amu-
sant de boire du champagne quand on l'aime et qu'il
est bon, bien plus encore de faire la cour à une jolie femme qui vous écoute : mais on sera aussi de
mon avis lorsque je dirai que rien n'est plus maussade que d'être simple spectateur de l'un et de l'autre.

Or, du champagne, je n'en buvais déjà plus depuis
longtemps à la suite d'une traversée dans l'*Océan indien*, pendant laquelle j'avais été contraint d'en beaucoup trop user et abuser.

Quant à faire la cour, tout me manquait, la jolie
femme d'abord, et surtout la liberté de la tête et du
cœur.

Je ne pouvais ainsi que trouver la veillée un peu
longue : j'avais déjà tortillé et brûlé deux ou trois
douzaines de cigarettes, mouillé quatre à cinq fois

4.

mes lèvres à un verre de champagne toujours plein,
comprimé je ne sais combien de bâillements; c'était
assez pour l'étiquette, surtout dans une ferme de
Californie : de plus, si d'un côté les braves rancheros, tout au jeu et au liquide, s'inquiétaient fort peu
de ma présence, elle pouvait en gêner d'autres. Je
savais que je ne devais pas attendre l'offre d'un lit,
car on ne peut guère offrir ce dont on manque souvent soi-même ; et pour dormir j'avais jeté mon dé-
volu en entrant dans la cour du rancho, sur un tas
de paille d'avoine sauvage qui encombrait un de ses
angles.

Après avoir pris mes armes, ma couverture que
j'avais déposée sur un banc, adressé un petit salut
de tête à de P...., je fus rallier mon gîte; mais là-
bas encore plus qu'ici peut-être, l'homme propose
et Dieu dispose.

Pour préparatifs je venais de défaire quelques bou-
cles de mes longues guêtres, de nouer un foulard
sur ma tête, et commençais à peine à m'étendre sur
la fraîche litière; quand tout à coup, j'entendis autour du rancho un tapage infernal, on eût dit une
charge de grosse cavalerie passant à fond de train,
la terre en tremblait; en même temps de sourds mugissements de bœufs, de vaches, de taureaux se mê-
lèrent aux hennissements plus sonores des chevaux
qui, eux aussi, venaient auprès de la demeure du
maître, demander secours contre un ennemi.

Puis, ce fut le tour des Péons qui, sortis de je ne

sais où, se précipitaient à l'envi dans la cour, criant, gesticulant tous à la fois; et comme ils rentraient dans l'appartement que je venais de quitter, je me hâtai de les suivre pour apprendre le mot de l'énigme.

J'aurais peut-être attendu longtemps si de P..., véritable polyglotte, ne fut venu à mon aide, en me criant pour dominer le vacarme :

— Parbleu! mon cher, vous êtes heureux, vous qui venez chasser, voilà votre affaire.

— Comment, qu'est-ce que c'est?

— Un *puma*, un couguard, un je ne sais quoi, qui se permet depuis quelques nuits de visiter les abords du rancho, et a déjà tué plusieurs animaux ; il faut le débarrasser de ce voisinage, — ce n'est qu'un gros chat, après tout.

— Certainement, allons-y de suite, je vais chercher ma carabine, préparez-vous, je reviens.

— Allons donc, est-ce que vous ne voulez pas y aller seul?

— Moi?

— Mais oui, puisque vous me proposez de vous tenir compagnie.

Ces mots furent prononcés avec une intonation qui me rappelait un peu trop la plaisanterie de défunt Marlborough, pour ne pas me rendre tout mon sang-froid, aussi ce fut avec un calme bien vrai, et nullement étudié que je répondis :

— Mais mon cher, si je vous ai parlé de venir avec

moi, c'est que je supposais que ce serait pour tous deux une partie de plaisir et je ne peux penser que vous ayez cru à un autre motif.

— C'est juste, c'est juste, reprit de P...., avec son flegme ordinaire, toutefois sans hésiter.

— Mais moi, voyez-vous, je suis égoïste, le plaisir quand je le trouve je le prends pour moi seul, et n'aime pas à toucher à celui des autres..... Après tout, il n'est pas besoin de nous deux, le hasard choisira.

Et ayant pris un brin de paille dans le panier de champagne ouvert :

— Tirez, me dit-il, la plus courte ira guetter la bête.

Ce soir-là il ne devait pas avoir tous les bonheurs, le sort, sous la forme du morceau de paille le plus court, me favorisa; il me devait bien cette consolation.

En peu de mots, de P... expliqua aux rancheros qu'ils pouvaient compter sur moi comme sur lui, ce qui soit dit en passant, était dans cette occasion une flatterie à laquelle je fus sensible.

Lorsque je sortis avec le Péon Bénédict, qui me fut donné pour guide, la réunion avait déjà repris son premier aspect; seulement un des buveurs avait profité du tumulte pour ouvrir le second panier de champagne, et de P... s'était, je crois, encore un peu plus rapproché de la belle senorita.

En cinq minutes je fus prêt, et ayant minutieusement inspecté ma carabine, je me mis en route avec mon guide.

En longeant le corral nous vîmes les bœufs, les chevaux qu'avait effrayés le couguard; tous la tête dirigée du même côté, regardaient un espace boisé à trois ou quatre cents pas de là; il était probable que l'ennemi n'était pas sorti de cet abri, je voulus de suite m'y rendre et l'explorer

— Non senor, non, venez avec moi me dit le Péon, je vais vous conduire à l'endroit où il passera pour retourner vers la montagne, tandis que s'il est monté dans un arbre vous ne pourriez le distinguer.

Il raisonnait très-juste, en effet, à la faveur de la clarté de la lune, dont le croissant était cependant fortement échancré, mais brillait sur un ciel admirablement étoilé, je devais à coup sûr l'apercevoir s'il passait près de moi, ce qui n'eût pas été facile sous l'ombre des arbres, peut-être même parmi leurs branches.

L'habitation de don C... était sur le penchant d'un coteau que nous descendîmes, laissant à notre gauche le bois que j'avais voulu visiter; arrivés au pied, Bénédict me fit longer pendant à peu près un quart d'heure le lit desséché d'un ruisseau; ses rives d'abord plates, découvertes, commençaient à devenir élevées, coupées à pic, et çà et là couvertes de buissons; quand le Péon s'arrêtant, me dit :

— Senor Henry, moi je ne vais pas plus loin; pour vous, continuez à remonter toujours l'aroyo

jusqu'à ce que vous arriviez à un arbre renversé qui
sert de pont; placez-vous auprès, et si l'animal n'est
pas passé là avant vous, vous ne tarderez pas à vous
y trouver nez à nez : mais défiez-vous, senor, c'est
une méchante bête.

— C'est bien, mon garçon, va, mais si tu entends
tirer viens sans crainte, tu m'aideras à l'emporter et
je te récompenserai.

— *Muchas gracias senor.*

Et je restai seul écoutant les pas du Péon, qui s'é-
loignait en homme peu rassuré, beaucoup plus vite
que nous n'étions venus : pour moi, je continuai ma
marche qu'embarrassaient parfois de grosses pierres
encombrant l'espèce de fossé qu'il me fallait suivre.
A mesure que j'avançais il devenait de plus en plus
creux, encaissé ; par intervalles des buissons s'inclinaient même au-dessus de lui, assez pour me contraindre à me courber : autant que possible je n'en
redoublais pas moins de vitesse afin d'arriver au point
qui m'avait été indiqué, tant j'avais crainte de m'y
trouver trop tard; si j'avais pu prévoir ce qui m'attendait, je me fusse à coup sûr moins pressé.

Chaque fois qu'un caillou roulait sous mes pieds
ou se détachait des bords du ravin que je touchais
fréquemment de mes coudes, je croyais entendre le
bruit des pas du couguard; je m'arrêtais haletant,
devenais tout oreilles, retenais mon souffle; puis re-
connaissant mon erreur, je me remettais en marche;
mais non sans jurer contre le chemin devenu pres-

que impraticable. Ce n'était en vérité qu'une *coulée*, que seul pouvait fréquenter un coureur de nuit comme celui après lequel je m'étais mis en campagne.

Enfin, tout à coup en s'élargissant un peu, le lit du torrent tourna sur ma droite, et au détour, j'aperçus l'arbre renversé formant une arche naturelle. A côté du tronc sur une des rives se dressait nue, droite comme un débris de mât, une grosse branche, tandis que les autres demi-brisées, enchevêtrées, le soutenaient vis-à-vis.

Plus loin, je ne distinguais à travers des chênes, des sapins clair-semés, que de profondes crevasses couvertes d'épais buissons et remontant le long des flancs de la montagne : j'étais certainement rendu aux environs du repaire que devait regagner le couguard ; il ne s'agissait plus que de me placer d'une manière favorable pour le voir et le tirer.

Dans ce but, je fus d'abord me mettre sous l'arbre, son ombre devant me protéger contre la vue de celui que je voulais surprendre, mais je ne restai pas à cette place, à dix pas le ravin était si creux qu'il y faisait noir comme dans un four; puis l'idée me vint d'aller m'étendre sur l'arbre lui-même. Ainsi posé, outre la gêne de la situation, je n'y voyais pas mieux. Bref, après plusieurs essais, je finis par m'asseoir tout simplement dans un trou qu'avait laissé en se détachant d'un talus une énorme pierre tombée au fond de la ravine; j'étais là à peu près comme un saint assis, ou plutôt accroupi dans sa niche, à quinze pas environ du chêne renversé.

Alors, de cette place, j'ajustai à diverses reprises avec ma carabine plusieurs objets, rien ne pouvait me gêner, il ne me resta donc plus qu'une préoccupation: viendra-t-il par sa route ordinaire? me demandai-je; et faute de pouvoir me donner moi-même une réponse que me gardait le temps, je me mis à repasser dans mon esprit tout ce que j'avais lu ou entendu raconter sur le compte de celui que j'attendais.

Précisément, un mois avant à peu près, je m'étais trouvé faire route dans la région des mines du sud avec un vieux chasseur trappeur; nous avions passé deux jours ensemble, sur ma demande il m'avait donné des renseignements précis touchant les nombreux animaux qu'il avait été à même d'observer dans ses courses, et je tenais de lui le récit d'une chasse à une panthère (nom sous lequel les Américains désignent le couguard); la bête grièvement blessée et retirée dans un hallier, avait déchiré avec ses griffes un chasseur imprudent et maladroit qui l'avait manquée d'un coup de son riffle.

Voici enfin comment concluait le vieux Péter:

— C'est pas le diable, une panthère, mais c'est égal voyez-vous, il faut se défier de ses griffes et de ses dents, elles déchirent et percent comme le couteau d'un Peau-Rouge.

J'avais gardé dans ma mémoire la recommanda-

tion du vieux coureur, quoique je fusse bien loin
de penser à trouver un couguard, d'autant plus que
ces animaux peu communs, ne quittent guère leur
retraite que la nuit.

Malgré tout, je n'avais aucun doute sur l'issue de
la rencontre si elle avait lieu, dans le cas où le couguard ne tomberait pas sous ma balle libre que je
comptais lui envoyer à dix pas, et tenterait de prendre sa revanche; à bout portant je devais l'achever
avec ma balle conique; enfin, pour en finir, si à la
rigueur il fallait en venir là, n'avais-je pas mon bon
couteau catalan à la lame solide, longue de dix pouces, large de trois, et capable de trouer et fendre
bien mieux encore que dents ou griffes de couguard.

Pour moi, c'était une bête morte, mais elle tar-
dait diablement à venir.

Je devais être au moins depuis trois heures dans
mon trou, cinquante fois, pour faire disparaître l'en-
gourdissement de mes jambes, j'avais changé de position, et à la lassitude physique commençait par malheur à se joindre la fatigue morale; car je n'étais
jamais certainement resté aussi longtemps à l'affût,
sans moins de distractions.

Depuis mon arrivée, un engoulevent qui était venu
s'appuyer un instant près de moi, avait seul rompu
le calme monotone de la nuit avec son cri tremblot-
tant comme celui d'un jeune faon qui appelle sa
mère, deux ou trois fois j'avais suivi au-dessus de ma
tête son vol inégal, capricieux, puis il avait disparu.

5

Mes yeux sans cesse fixés dans la direction de l'arche sous laquelle je m'attendais à voir paraître l'objet de mon attente, commençaient à se fatiguer et à ne plus distinguer que des formes confuses, mal accusées, souvent même fantastiques. Plusieurs fois je crus voir onduler au-dessus du sol comme un gigantesque reptile, les courbes de l'arbre servant de pont, la grosse branche qui s'élevait droite me paraissait s'agiter d'un côté et d'autre, c'était le cou du monstrueux python. Je rêvais tout éveillé. Pour faire disparaître ces images qui me fatiguaient, je fermais les yeux, les frottais fortement, et alors comme dans un feu d'artifice tourbillonnaient en soleils, ou s'épanchaient en nappes de feu des millions d'étincelles; si bien que complétement ébloui, je ne pouvais après percevoir la lumière douce, régulière de la lune, et je restais quelques minutes plongé dans une profonde obscurité.

Puis enfin, tout m'apparaissait calme, paisible, jusqu'à ce que bientôt de nouvelles visions vinssent de nouveau me fatiguer le corps et l'esprit.

Une fois entre autres, dans le but de reposer ma vue, pendant que je regardais depuis un moment la partie supérieure du pont, qui pour moi placé plus bas, se dessinait nettement sur le ciel resplendissant d'étoiles, je vis glisser dessus un animal au corps long, souple comme un chat; et la réalité ou la vision prit tout à coup des proportions telles que j'allais faire feu, quand tout disparut.

Avais-je vu ou cru voir? C'est encore pour moi un mystère.

Quoi qu'il en fût, je demeurai de suite convaincu qu'il me fallait user d'un moyen distrayant pour échapper au plus vite à l'état d'hallucination dans lequel j'allais tomber.

Je n'en avais que trois à ma disposition; le premier me lever, marcher un moment. Oui, mais si le couguard arrivait?

Le second, dormir quelques minutes pour me réveiller, reposé de toute manière. Encore très bien, mais si le couguard arrivait?

Décidé à ne pas jouer sur un coup de dé le succès de mon entreprise, je repoussai bien vite ces deux remèdes.

Restait le troisième, auquel je m'arrêtai avec bonheur : fumer une pipe; jusque là je n'avais pas osé le faire, dans la crainte d'alarmer les nerfs olfactifs du visiteur si impatiemment et depuis si longtemps attendu; mais l'idée ne m'en fut pas plus tôt venue, que je la mis à exécution.

Les deux mains sous ma couverture, qui me servait au moyen de l'ouverture existant au millieu comme un *serape* californien ou un *puncho* du Chili, je tire amadou, pierre, briquet, et du premier coup, je fais jaillir l'étincelle qui doit me rendre à moi-même.

En effet, soit que la satisfaction que j'éprouvai en aspirant et exhalant les premières bouffées, réagit sur le physique et le moral, ou que le moyen que j'employais portât en lui-même son efficacité, je retrouvai instantanément toute la lucidité de mon esprit et de mes sens : plus de fatigue, de visions fantastiques, mes yeux saisissaient rapidement, avec précision, la forme des objets qui m'entouraient, mes oreilles percevaient clairement des bruits éloignés dont il m'était impossible de me rendre compte, mais paraissant venir de la direction où devait se trouver le rancho de don C...

Dès lors je repris toute mon assurance, je ne doutai plus de moi, seulement je murmurais souvent des menaces de ce genre :

Ah canaille! arrive donc que je perce ta chienne de peau pour lui faire payer la nuit qu'elle me coûte.

Mais comme sans nul doute je marmottais ce gracieux appel beaucoup trop bas pour qu'il pût m'entendre, rien ne venait.

Cependant, bien loin, bien loin dans l'est, les étoiles commençaient à pâlir dans une blanche lueur, à la cîme des arbres les feuilles frissonnaient au souffle d'une légère brise, qui semblait venir pour soulever le voile de la nuit. Autour de moi bourdonnaient plus bruyants, plus rapides dans leur vol les insectes nocturnes, dont l'heure du repos arrivait : tout annonçait le jour.

Oui, le jour allait venir, et en le saluant il me faudrait dire adieu à mes espérances; que n'aurais-je pas donné en ce moment pour qu'un nouveau Josué suspendît la marche du soleil dans l'autre hémisphère.

Damnation ! une nuit passée comme cela, c'est à devenir fou !... et ma main droite serrait convulsivement la crosse de ma carabine, comme si j'eusse voulu y incruster mes doigts.

Mais chut..... silence..... qu'ai-je entendu?

Le bruit recommence, on dirait un soupir, un bâillement que prolonge un son guttural étouffé ; je n'ai jamais rien ouï de pareil.....

Est-ce lui ? je l'espère, les sons se répètent, partent du ravin, se succèdent à peu près toutes les deux ou trois minutes, et approchent lentement..... mais approchent.

Ce que je viens d'écrire, je le pensais, je le disais; et cette conviction que j'allais enfin voir l'apparition si désirée, m'avait tellement ému de plaisir, qu'il me fallut appeler rapidement la raison à mon secours pour recouvrer mon sang-froid, ce que je fis en m'adressant mentalement les paroles suivantes :

«Eh bien, triple sot, vas le manquer maintenant, tu auras le temps de rire après. »

Le manquer, grand Dieu !!!

Rien qu'à cette pensée j'étais devenu instantanément froid comme les canons de ma carabine, et j'aurais souhaité de grand cœur un plus redoutable adversaire.

Tourné vers le chêne sous lequel à chaque seconde je m'attendais à le voir paraître, je n'avais pas épaulé mon arme, mais je la tenais un peu élévée, et le plus possible le long du talus, de manière à n'avoir pour ajuster qu'un faible mouvement à faire; et à la dissimuler en attendant autant que je le pourrais.

A cette heure, quoiqu'extérieurement bien calme et maître de moi, j'étais sous le coup d'une telle surexcitation du système nerveux, que mes yeux distinguaient comme en plein jour, et qu'avant de le voir, mes oreilles comptaient ses pas, et sa respiration.

Aussi, lorsqu'il parut je n'éprouvai qu'une surprise, c'était de le trouver si chétif; il arrivait sans témoigner autrement sa défiance qu'en dressant sa tête qu'il tournait à droite et à gauche, comme pour explorer le terrain.

Je le laissai approcher ainsi à la distance d'environ sept à huit pas avant d'épauler lentement ma carabine, mais malgré ma précaution le mouvement ne lui avait pas échappé.

Il venait de s'arrêter, la tête haute, faisant entendre un grognement ayant tout l'accent d'une menace; je ne lui donnai pas le temps de l'exécuter, et lui logeai comme avec la main, une balle juste entre les deux épaules.

Un miaulement plaintif termina le grognement commencé; c'était fini.....

Mon arme fumait encore, qu'accroupi près de lui je l'examinais curieusement.

C'était un mâle, une vieille bête à la mine peu gracieuse, la tête couverte de longues et profondes cicatri-

ces, dues sans doute aux caresses de ses pareils, ou à
la fréquentation des halliers épineux presqu'impénétrables qui lui servaient d'abri, et quand j'eus vérifié
la dimension des crochets qui armaient sés fortes
mâchoires, la longueur de ses griffes aiguës, tâté ses
pattes grosses, courtes, musculeuses, et vu enfin que
son corps mesurait près de quatre pieds et demi de
long du bout du nez à la naissance de la queue,
je me rappelai ce que m'avait dit le vieux trappeur.

« C'est pas le diable qu'un couguard, mais c'est
égal il faut se défier de ses dents et de ses griffes. »

J'aurais bien voulu l'apporter moi-même au rancho,
mais outre son poids gênant dans le chemin qu'il
fallait parcourir, le sang qui coulait de sa blessure
m'eût mis dans un état peu présentable. Je venais
par conséquent de me décider à le laisser sur place,
lorsque j'entendis des cris confus mêlés au bruit du
galop de plusieurs chevaux.

Une minute plus tard j'étais certain que l'on venait
à ma rencontre, et ce ne pouvait être que le société
laissée chez don C.....

Pour galoper sur un pareil terrain, il n'y avait que
des chevaux californiens; crier, rire, chanter comme
on le faisait, que des *rancheros* venant de passer la nuit
à vider des bouteilles de champagne.

La troupe bruyante fut bientôt rendue à l'endroit
où gisait la victime; mais là commença une lutte curieuse entre les cavaliers et leurs montures : les pauvres bêtes surprises au détour du ravin par les éma-

nations du cadavre ruaient, se cabraient, pivotaient
sur leur arrière-main sans vouloir avancer : ce fut
pendant un instant dans l'étroit espace où la scène se
passait un tumulte, une confusion incroyables.

Mais le moyen de résister à des éperons et à des
jambes de Californiens? Enlevés par leurs cavaliers,
quatre chevaux vinrent bientôt presqu'à la fois s'a-
battre à toucher le couguard, et là, les jambes de devant raidies, l'encolure tendue, les naseaux dilatés,
ronflant comme des soufflets de forges, palpitants de
frayeur, purent enfin comtempler l'ennemi qui depuis
si longtemps les alarmait.

Une demi-heure plus tard nous arrivions au rancho
avec le jour. De P... attendait sur le seuil.

A la vue du couguard :

« Vous voyez me dit-il, ce n'est qu'un gros chat!

— C'est vrai, rien à tuer en vérité; mais furieusement ennuyeux à attendre. »

A ce moment, d'un groupe de femmes qui prépa-
raient des *tortillas*, et surveillaient la cuisson de tranches de *vacca* destinées au déjeûner matinal des hôtes
du rancho sortit la belle Juana; je ne sais si je me
trompais, il me sembla que ses beaux yeux avaient
moins d'éclat que la veille, mais en revanche une
expression langoureuse, qui ajoutait un charme de
plus à sa ravissante physionomie.

V

UNE LOUTRE MARINE

ET LE RIFLE DU CHASSEUR PETER.

Si vous êtes chasseur, ce que je suppose, vous avez dû quelquefois sourire de pitié à cette question :

Quel plaisir pouvez-vous éprouver à courir tout un jour à travers champs, vignes et bois, de pauvres bêtes inoffensives, qui parfois même se jouent de vous, et vous échappent?

Pour moi, je n'ai jamais répondu autrement à ceux qui me l'ont adressée, que le faisait un vieux marin de ma connaissance, lorsqu'un indiscret s'avisait de lui dire :

Quelle jouissance trouvez-vous donc à mâcher du matin au soir un morceau de tabac?

Sa réponse était : aimez-vous le potage aux nids d'hirondelles ?

— Mais disait-on généralement, je n'en sais rien, je n'en ai jamais mangé....,.

5.

—Eh bien, goûtez-en, ajoutait-il, et vous m'en direz des nouvelles.....

Oui, si vous avez bon pied, bon œil, et ce qui est plus rare le bonheur d'habiter un pays où le braconnage et la culture perfectionnée n'aient pas fait disparaître le dernier lièvre et la dernière perdrix ; chassez, et vous m'en direz des nouvelles.

Cependant à vous, vieux chasseurs; à vous, jeunes gens qui débutez, je me permettrai de dire que vous êtes bien loin de soupçonner les émotions que procure la chasse, si vous ne pouvez vous y livrer que dans notre pays, où après quelques pas vous allez vous heurter à la clôture d'un héritage dont l'accès vous est interdit; dans nos plaines, où à chaque instant un garde, un gendarme, viennent vous rappeler les restrictions imposées par la loi au droit que vous confère le permis de chasse soigneusement enfermé dans votre carnier.

Vous-mêmes, privilégiés de la fortune, qui de temps à autre forcez un dix cors, ou mettez à l'accul un vieux solitaire, tenez, je donnerais la plus belle de vos chasses pour une de mes journées dans la solitude.

C'est que de vos plaisirs, voyez-vous, le programme est tracé à l'avance; tout est prévu, depuis le fort du bois où repose la bête que va détourner le limier, jusqu'à la place que vous réserve au retour à sa table, une gracieuse châtelaine.

Vos chasses, dit-on, sont une image affaiblie de la guerre; bien affaiblie en vérité, car si vous avez le bruit, l'éclat, où est l'ennemi? Pour tous risques, une chute de cheval... et combien l'évitent en tournant la haie et le fossé!!!

Et vous, mes amis, vous tous qui, au retour de vos chasses d'hiver vous empressez de laisser vos souliers boueux, vos guêtres humides, et dans de bons fauteuils faites cercle autour de la cheminée pour échanger, en attendant le dîner, les souvenirs des incidents du jour : c'est à vous surtout que je pense, et c'est ici que je voudrais vous voir. Mais puisque je suis privé de ce plaisir, si ces lignes vous tombent sous les yeux, et vous font plus vivement apprécier le bien-être dont vous jouissez, laissez-moi croire qu'elles vous feront peut-être aussi regretter de ne pas vous être, une fois dans la vie, trouvés en partie de chasse sur une côte déserte de l'Amérique du Nord.

En effet, c'est dans des circonstances comme celle-là que l'homme éprouve la satisfaction de jouir de toute la plénitude de son énergie morale et physique.

Là, isolé, au milieu d'une nature sauvage, parfois hostile, il sent surgir en lui une puissance, une force qu'il ne peut soupçonner au milieu de notre civilisation, parce que là il ne lui serait pas donné de l'exercer, et qu'il lui suffit pour vivre, de se laisser aller au courant qui l'emporte aujourd'hui comme hier, et l'entraînera demain.

Ici, c'est autre chose; si vous voulez me suivre, vous allez en juger.

Il doit être neuf heures du soir, je me suis mis en

route à deux heures; en voilà donc sept de marche à peu près continue. En vérité, mes jambes avaient raison de me demander à leur manière, de faire halte pendant que le jour m'éclairait encore, j'aurais pu choisir un endroit convenable; et depuis la nuit je n'ai fait que m'égarer de plus en plus.

J'espérais toujours pouvoir reconnaître la contrée où je me trouve lorsque la lune paraîtrait : elle est déjà haute, mais avec elle s'est levée une violente brise du large, elle déchire le rideau qui reposait à l'horizon, et les nues qu'elle emporte courent au ciel sombres, rapides, pressées tellement, que c'est à peine si à travers leurs franges, un rayon a le temps de se glisser pour descendre jusqu'à terre.

A sa pâle clarté, j'entrevois cependant l'aspect désolé du paysage qui m'entoure, mais cette vue n'éveille aucun souvenir; décidément, je ne suis jamais venu ici.

A ma droite, une falaise escarpée, les flots viennent en grondant se briser sur sa haute muraille; à travers l'obscurité je distingue leurs crêtes blanches écumeuses, qui se précipitent en déferlant, puis après s'être mâtées le long des parois à pic, elles retombent avec fracas en larges nappes phosphorescentes, dont les lueurs vont se perdre dans les vagues qui leur succèdent.

Devant moi, une étroite langue de sable termine le ravin que j'ai suivi; à ma gauche, des masses rocheuses entassées pêle-mêle, s'avancent jusqu'à la mer, nulle apparence de végétation, pas un arbre, un buisson; mais comme j'éprouve un violent besoin de repos, je vais chercher de ce côté un endroit pour passer la nuit.

Que me faut-il après tout? peu de chose, un petit coin à l'abri du vent frais, je saurai bien en tirer parti.

Sur ma foi, j'ai trouvé beaucoup mieux que je ne l'espérais : deux rochers laissant entre eux un étroit espace, un troisième formant plate-forme, qui les surplombe, voilà mon alcôve; les rideaux manquent, il est vrai, mais en Californie il ne faut pas d'exigences, et me voilà installé.

Ma couverture roulée autour de moi, comme les bandelettes d'une momie d'Egypte, la tête sur mon carnier, la main droite sur mes armes, en dépit de la distance qui nous sépare j'ai envoyé une pensée d'adieu à la famille, aux amis, qui reposent eux aussi au-delà de cet Océan dont les mugissements monotones m'assourdissent, et je m'endors.

Chaque fois qu'il m'est arrivé de coucher ainsi à la belle étoile, perché comme un oiseau sur une branche d'arbre, ce qui, soit dit en passant, est la plus sotte position qui se puisse imaginer, car on est toujours en crainte de tomber dans la ruelle du lit, ou étendu tout simplement sur la terre, ou enfin comme aujourd'hui dans un trou que m'envierait un blaireau, j'ai dormi d'un sommeil calme mais léger; aussi le frôlement d'une souris parmi les herbes, le cri d'un hibou, le frémissement du vent dans les feuilles ont toujours suffi pour me faire passer instantanément du repos le plus complet à un état de veille absolu ; souvent je me suis trouvé sur mes pieds, une arme à la main, sans avoir eu le temps pour ainsi dire de m'apercevoir du mouvement de transition, tant il avait été brusque.

C'est donc à la profonde conviction de ne pouvoir être surpris, que j'ai toujours dû en pareil cas toute ma tranquillité, et par suite un repos complet.

Cette nuit, mon sommeil pouvait avoir duré quatre ou cinq heures, quand un singulier bruit vint l'interrompre.

En dormant, j'avais entendu un coup de sifflet, j'en étais certain ; j'avais encore dans les oreilles le retentissement du son court, aigü qui les avait frappées, pendant que debout à l'entrée de ma crevasse, je cherchais à deviner d'où il pouvait provenir.

Autour de moi, tout avait changé d'aspect, le vent ne soufflait plus ; la mer, qui baissait, laissait pendre au pied de la falaise de longs faisceaux d'algues marines qui dissimulaient ses aspérités sous leurs sombres draperies ; les nuages avaient disparu et la lune à son zénith, en éclairant le sévère paysage me permettait d'en saisir les détails.

Je restais là cinq minutes, prêtant une oreille attentive, et n'entendais que les battements d'ailes des bandes d'oiseaux aquatiques qui longeaient la grève, leurs cris rauques, discordants ; derrière, loin dans les terres, les hurlements des bêtes fauves, et au-dessus de toutes ces rumeurs, les absorbant comme une

immense sourdine, le murmure mélancolique de
l'Océan.

Si mon esprit ne se fût pas trouvé préoccupé
comme il l'était, à coup sûr je me serais laissé aller
aux rêveries que pouvait inspirer ce majestueux ensemble; mais ma curiosité en éveil ne me permettait
pas de lui prêter une attention soutenue. Je me demandais sans cesse d'où pouvait provenir le bruit qui
avait interrompu mon sommeil, et bien entendu qu'il
ne me vint pas à l'esprit qu'autre que moi pût se
trouver à pareille heure, en pareil lieu.

Depuis dix minutes au moins j'étais immobile, la
tête sortie de mon trou, commençant presque à penser que j'avais pu être dupe d'un rêve, lorsqu'enfin
tout près, au bas des roches que j'avais escaladées
pour trouver mon gîte, j'entendis encore le même
sifflement, et cette fois il m'arriva si distinct que je
fus de suite fixé sur son origine.

C'était une loutre marine, venue pour explorer la
plage à marée basse; elle poussait son cri d'appel,
et j'allais sans nul doute, la voir paraître.

Je prends mes précautions en conséquences, je
glisse les canons de mon fusil entre deux pierres
formant une meurtrière; de là, je domine l'étroite
plage dont le sable brille argenté aux rayons de la
lune, et je distingue bientôt la bête : elle s'avance
lentement, suivant une ligne parallèle au rivage; sans
me presser j'ajuste, pose le doigt sur la détente, et je
vais comme un maladroit percer la précieuse four-

rure d'une charge de chevrotines, quand sous mes pieds une détonation se fait entendre, et je vois la loutre sans vie.....

Je vivrais mille ans, que je n'oublierais pas je le crois, la stupéfaction que j'éprouvais : autour de moi s'évaporait la fumée du coup, je sentais l'odeur de la poudre et ce n'était pas moi qui avais tiré ; je voyais encore luire mes deux capsules et je restais comme pétrifié, le doigt toujours sur la détente, pendant que mon regard errant sur la grève ne pouvait y voir que la loutre immobile.

Enfin, après l'ébahissement vint la réflexion.

Ma foi, me dis-je, mon voisin, je ne pouvais pas douter en avoir un, est un homme de précaution, il recharge sans doute son arme.

Ah ! le voilà, il marche lentement, son rifle à la main, ramasse sa victime, et tourné de mon côté, revient vers son gîte.

Mais à peine avait-il fait quelques pas que je le vis s'arrêter, laisser tomber la loutre et porter rapidement son arme dans ma direction.

« Sacredié ! m'écriai-je, ne tirez pas, ne tirez pas ! *i am friend, soy amigo!* et j'aurais traduit ma pensée dans toutes les langues du monde si je l'avais pu, et si j'en avais eu le temps.

— Très bien, reprit en bon français mon inconnu, mais je me défie des amis qui regardent avec la longue vue que je vois d'ici ; retirez votre fusil, ou je fais feu. »

J'avais en effet encore mon arme passée dans son créneau, je la redressai rapidement, pendant que lui au contraire abaissait vers la terre le canon de la sienne.

« Maintenant, me dit-il, si vous voulez descendre de là haut, nous causerons.

— Mais il me semble que si vous vouliez prendre la peine de monter jusqu'à moi, nous pourrions en faire autant. »

Parbleu, me dis-je, il vaut mieux attendre le diable qu'aller au-devant de lui : n'allez pas croire au moins que je pensais avoir affaire à Satan en personne; mais, pour être vrai, je me défiais un peu de la rencontre.

« Est-ce que je vous ferais peur? me dit alors en riant l'inconnu.

Ce mot de peur a toujours produit sur moi un effet irrésistible. — Peur, dites-vous? »

Et toutefois, sans lâcher mon fusil, me voilà dégringolant de rochers en rochers pendant qu'il me criait :

« Tonnerre! faites-donc attention; vous allez vous casser le cou.

— Ah bah! »

Mais jugez de mon étonnement, lorsque rendu à le toucher je reconnus le vieux Peter, le chasseur de fourrures dont je vous ai parlé à propos d'un couguard, et que j'avais laissé deux mois avant à cent lieues de là, au camp Sonorien : la surprise me ren-

dait muet. Pour lui, aussi peu étonné que le seraient
deux individus qui, après avoir le matin déjeûné ensemble au Café Foy, se retrouveraient le soir sur le
perron de Tortoni :

« Ah! c'est vous, M. Henry.

— Certainement, mon brave Peter ; et pendant
que nous échangions une amicale poignée de main :

— Mais comment êtes-vous ici, lui dis-je ; par
quel hasard?

— Ce n'est pas le hasard du tout ; je suis ici chez
moi, et j'y suis venu pour tuer la loutre que vous
voyez ; j'avais depuis longtemps reconnu sa trace :
sachez, qu'il n'est pas une de ces pierres sur laquelle
je n'aie posé les pieds ; quand il fera jour, vous verrez
à deux milles, au large, un groupe de rochers que
je connais tout aussi bien. Oui, j'ai fait de bons
coups vers ici, j'y ai semé du plomb et ramassé des
piastres ; mais c'est fini, le pays est ruiné. »

En même temps le vieux chasseur poussait un
bruyant soupir. Pour faire diversion à ses regrets, je
lui demandai s'il n'était pas surpris de la rencontre?

— Mon Dieu non. »

J'oubliais qu'il devait, pendant trente années de
courses à travers les Amériques, s'être un peu blasé
sur l'imprévu.

« Mais, ajouta-t-il, avant d'aller plus loin, que je
vous donne un conseil, à vous qui savez les écouter.
Que faisiez-vous là-haut? »

En quelques mots je lui racontai ce qui m'était

arrivé, c'est-à-dire qu'allant rejoindre des connaissances, je m'étais la veille égaré et, faute de mieux, étais venu là chercher un refuge pour la nuit ; puis, je lui avouai franchement le tour qu'il m'avait joué.

« Eh bien, reprit-il, en poussant du pied la loutre déposée sur le sable, il fallait, voyez-vous, que cette bête eût la vue courte, sans cela ni vous ni moi ne l'aurions tuée.

— Pourquoi?

— Parce que par une nuit claire comme celle-ci, les canons de votre fusil brillaient comme deux chandelles : c'est propre, joli au soleil ; mais croyez-moi, si vous voulez aller à l'affût avec cela, faites-lui attraper une averse et ne l'essuyez pas, ou vous courrez la chance d'être vu ; et parfois ce n'est pas sain, surtout dans ce pays. »

Je pris note de l'avis ; il m'expliquait du reste quelques déceptions que j'avais éprouvées.

« Maintenant, que devenons-nous, continua-t-il ; avez-vous envie de regagner votre trou comme une *chinche* (putois d'Amérique) et d'y attendre le jour?

— Mais, vous-même, où allez-vous?

— Ma foi, il me semble que je serais mieux auprès du feu qu'ici, et si vous voulez me suivre un moment, je crois que vous ne vous en trouverez pas mal.

— De grand cœur. »

Peu après, je le rejoignais, ayant repris mon bagage, et tous deux nous éloignâmes rapidement en longeant le bord de la mer, et tournant le dos au chemin que j'avais choisi pour m'y rendre.

Nous avions quitté la grève et marché pendant une demi-heure, lorsqu'arrivés sous de grands arbres :

« Tenez, me dit-il, faisons halte ici ; en même temps il secouait avec le pied un tas de cendres d'où jaillirent quelques étincelles. Mon feu d'hier soir, vous le voyez, n'est pas encore éteint ; remuez-le pendant que je vais chercher de quoi le ranimer. »

Lorsqu'il m'eut quitté, j'entendis les coups répétés de sa hache ; bientôt il fut de retour, traînant de fortes branches que nous entassâmes au-dessus du foyer, et une flamme vive, pétillante, ne tarda pas à éclairer notre bivouac.

J'avais déjà passé, je l'ai dit, plusieurs jours avec le vieux chasseur, et l'avais toujours trouvé taciturne, silencieux, mais pendant cette nuit il se montrait tout autre ; ce changement était-il dû au plaisir d'avoir tué la loutre ou à celui que lui causait ma rencontre ? Je n'en savais rien, et ne pouvais que m'en étonner.

Tout en causant, après avoir dépouillé la loutre, il en suspendait la fourrure à une branche d'arbre ; alors, en le regardant, je pensais aux dangers, aux aventures et probablement aux actes d'héroïsme, de dévouement que résumait la longue existence de cet homme. Peter avait cinquante ans et parcourait depuis près de trente années l'Amérique : cependant quelle vigueur, quelle souplesse, quelle agilité même, dans tous ses mouvements !

Son front, sillonné plus par la pensée que par l'âge, laissait supposer qu'il avait sans nul doute traversé de ces épreuves qui brisent l'âme, ou la trempent comme l'acier ; mais à l'expression si na-. turellement calme de sa physionomie, on devinait qu'il n'avait pas de remords : s'il avait eu à se plaindre, ce devait être des autres et non de lui.

Lorsqu'il fut, ainsi que moi, installé près du feu et me surprenant à le regarder :

« Ah ça, me dit-il, est-ce que par hasard vous m'en voudriez de vous avoir soufflé la bête ?

— Vous en vouloir, mon brave Peter, moi ! sur ma foi je donnerais vingt loutres comme celle-ci, et ne croirais pas payer trop cher le plaisir que me fait éprouver votre rencontre. »

Mes paroles, et le ton avec lequel je les prononçais exprimaient sans doute d'une manière si vraie ma pensée, que me tendant une main que je saisis avec empressement :

« Merci, me dit-il ; tenez, en vérité si tous les étrangers qui ont envahi le pays, étaient comme vous, nous autres vieux coureurs ne regretterions pas, ainsi que nous le faisons, le temps où nous l'avons connu désert.

Puis, comme se parlant à lui-même : mais ces mineurs, ces chercheurs d'or ! pouah ! quels gens pour la plupart ! aussi je n'en veux plus...

— Vous avez donc quitté tout-à-fait les mines?

— Oh oui ! Dieu merci ! j'en ai assez ; je vais à San-Francisco, quelques vieux camarades m'y attendent ; nous allons ensemble rallier le pays des fourrures, peut-être pour y laisser nos os...... Mais si ce vieil ami pèse autant qu'une pioche, pour s'en servir, on marche droit.... et on ne remue pas de boue avec.... »

En finissant, Peter avait saisi sa lourde carabine placée près de lui, le long d'un arbre, et en passant sa large main sur le canon rugueux semblait, en vérité, la caresser comme une mère son enfant.

« C'est, j'en suis sûr, lui dis-je, une bonne arme et qui a dû vous rendre de grands services ; mais il me semble que le canon est beaucoup plus vieux que la monture ?

— Vous ne vous trompez pas, le premier bois a été une fois brisé, et pour le faire remplacer j'ai fait un voyage à New-York. Voyez si j'ai été bien servi ? »

Et il me remit son rifle.

Le canon, à six pans, était d'une longueur d'au moins quatre pieds et demi ; son calibre, étroit comme celui de tous les rifles, ne devait porter que des balles de cinquante à la livre, et était admirablement ajusté sur un bois pris dans une courbe d'acajou ronceux, ce qui lui donnait une solidité d'autant plus grande que les fibres ligneuses n'avaient pas été coupées dans le travail ; la sous-garde, la plaque de la crosse étaient en argent bruni, sans ciselure et d'une grande épaisseur.

Pendant que je l'examinais avec tout l'intérêt d'un amateur d'armes :

« Mon rifle et moi, me dit-il, sommes de fidèles amis; que voulez-vous? dans notre vie errante, incompatible avec les affections ordinaires aux hommes, nous autres nous en prenons aux choses. Après tout, cette nécessité est peut-être sagesse; elle nous met à l'abri des déceptions. »

Tout en parlant, Peter avait déposé près de lui sa carabine, sur son front plissé semblaient se refléter quelques pénibles impressions éveillées par ses dernières paroles; il gardait depuis quelques instants un silence que je respectais, lorsque tout à coup sortant de sa rêverie, il releva brusquement la tête, fixa sur moi son regard redevenu screin, et me dit :

« Nous restons ensemble jusqu'au jour, n'est-il pas vrai?

— Certainement.

— Eh bien, alors, je vais si vous le voulez, vous raconter à propos de ce vieil ami, il montrait son rifle, une aventure qui a bien manqué de nous séparer à jamais ; cela, j'en suis sûr, abrégera pour vous les heures de nuit qui nous restent. »

Je ne pus que le remercier vivement à l'avance, du plaisir que j'allais éprouver en l'écoutant ; et au milieu du calme de la nuit, pendant qu'à la lueur de notre feu je suivais sur la physionomie si ex pressive

du vieux chasseur, les émotions que faisait naître en
lui cet appel à ses souvenirs, il me dit ce que vous
allez lire :

« Il y a cinq ou six ans, deux camarades et moi
nous venions de terminer une rude saison de
chasse, dans la contrée située entre les *monts ro-*
cheux et le *nord-ouest* de la *baie d'Hudson*, vers les
lacs; la peine avait été grande, il ne devait pas en
être de même des bénéfices, une chance infernale
s'était attachée à nous. Plusieurs de nos caches,
contenant une grande partie de nos fourrures avaient
été découvertes et pillées par les Indiens; ils les
avaient laissées, vous le pensez bien, parfaitement
vides, et nous avions passé à courir inutilement
après eux un temps qui aurait pu être mieux employé.

Déjà quelques gelées nous annonçant l'hiver, nous
avions vu qu'il ne nous restait plus un jour à perdre, si nous ne voulions pas nous trouver forcés par
les glaces de faire, en plusieurs endroits, le *portage*
de ce qui nous restait de pelleteries et de deux
dug-out (bateaux légers en écorces) qui les conte-
naient.

Aussi coupions-nous au plus court, marchant,
naviguant jour et nuit dans la direction du *Fort-*
North, où nous comptions hiverner.

A peine si de temps en temps nous faisions halte
sur quelques points giboyeux, pour y abattre un daim,
un élan ou un cerf, et la bête dépecée, demi-cuite,

nous reprenions nos bateaux et filions notre nœud.

Nous étions ainsi arrivés sur un affluent de *Stowne-river*, à un endroit où un rapide dangereux embarrasse son cours. Pour ne pas nous retarder, il fut convenu que nous le franchirions en bateau, ce qui n'était possible qu'en serrant le rivage presque à le toucher, et dans la crainte que nos deux embarcations ne vinssent à se gêner, chacun des *dug-out* prit de son côté : André et Will dans l'un, la rive gauche, moi seul dans l'autre, la droite ; le danger une fois derrière, nous devions nous rejoindre comme avant.

A peine séparés, me voilà seul pagayant vers la terre ; mon bateau, qui sentait déjà le rapide, filait avec vitesse, lorsqu'à vingt pas, dans un pli de terrain, j'aperçois me regardant passer deux élans, et il faut vous dire que, ce jour-là, nous n'avions mangé à nous trois qu'un chétif canard sauvage tué par l'un de nous.

A la vue des deux animaux, qui avaient l'air de m'être envoyés du ciel comme la manne aux Hébreux dans le désert, je n'hésite pas un moment, je force de rames et je vais engraver mon canot dans un trou un peu plus bas que les élans.

Puis, mon rifle à la main, je me glisse comme un serpent parmi les roches. Je ne fus pas loin sans voir ce que je cherchais : j'ajuste tranquillement la femelle, que je juge devoir être plus tendre que le mâle, et fais feu, elle tombe. Cependant, avant

6

d'aller vers elle, je recharge, car le mâle tournait
autour en bramant, et l'on sait qu'il leur arrive quelquefois d'attaquer celui qui a tué leur compagne :
enfin, je jette un coup d'œil vers la rivière pour savoir si la détonation de mon arme a attiré l'attention
de mes camarades. Ils ne paraissaient plus; mais je
vous jure que j'éprouvais un moment de dépit qui
me fit vite oublier mon gibier.

Mon bateau, mon pauvre bateau, que dans mon
empressement j'avais mal abordé, s'en allait seul en
dérive, emmené par le remou, et allait se trouver
bientôt dans le courant. Or vous saurez qu'il portait
une bonne partie de nos fourrures, que j'avais prise
pour alléger le chargement de l'autre, dans lequel
se trouvaient mes deux camarades.

J'eus bien vite jugé la position, et je vis qu'il me
restait tout juste le temps pour me jeter à l'eau et le
rejoindre avant qu'il fût emporté dans le rapide;
me voilà donc, prompt comme la pensée, débarrassé de tout ce qui pouvait me gêner. Une seconde
après, je tirais la brasse à en perdre haleine, je ne
m'étais seulement pas aperçu que l'eau était glacée,
et je crois n'avoir respiré que lorsque je me retrouvai dans mon bateau, le dirigeant vers le bord. Pour
un peu j'aurais ri de la sotte aventure, si le froid
n'eût fait claquer mes dents.

J'arrive ainsi à l'endroit où je me suis mis à l'eau,
et ce qui m'y attendait devait me faire passer l'envie
de rire.

A la place où j'avais laissé ce que je voulais reprendre, un Indien se tenait debout, mon rifle à l'épaule, m'ajustant tout à son aise. Trente pas à peine nous séparaient.

Certes, je me serais dit à ce moment, Peter tu es bien malade, que cela ne vous étonnerait pas; il n'en fut rien. A cette minute, qui pouvait si bien être la dernière de ma vie, pas un doute ne me vint à l'esprit; mais, au contraire, un pressentiment m'enleva la plus légère inquiétude : il devait me manquer. Aussi, pendant que je forçais de rames pour arriver à lui, j'entendis siffler la balle et la détonation de l'arme sans aucun étonnement; puis, je touchais au rivage en criant : Ah! canaille, te voilà désarmé, attends-moi... lorsque je le vis s'élancer, bondir; il prenait la fuite en emportant mon rifle.

Oh! là, ma foi, la secousse fut rude; je sentis le sang affluer au cœur puis se porter à la tête, je restai comme pétrifié. Ce qu'il m'enlevait, le pillard, le voleur, c'était avec mon arme plus que ma vie; c'était, ce qui ne me sert pas ici, il est vrai... mais qui peut savoir... un jour peut-être... je me fais vieux... »

Peter prononça ces dernières paroles, comme s'il se fût parlé à lui-même, les interrompant de moments de silence.

Quant à moi, alors bien loin de savoir, de soupçonner même, les motifs que pouvait avoir le chasseur d'attacher autant d'importance à la possession

de sa carabine, surtout, pendant qu'à peu de distance se trouvaient ses deux compagnons parfaitement armés, j'attendais la suite ; mais le moment
n'était pas venu où ma curiosité devait se satisfaire,
car il reprit en me disant :

« Après tout, que vous importe ? sachez seulement
qu'il fallait que l'Indien qui enlevait mon arme, eût
ma vie par-dessus le marché, ou que je lui prisse la
sienne si je ne devais avoir mon rifle qu'à ce prix.

Le premier moment de stupeur passé, je m'élançai à sa poursuite, n'ayant à la main que mon *bowie*
(couteau) pour l'attaquer et me défendre ; deux fois
je l'aperçus, mais à grande distance et sans qu'il
pût se douter d'être suivi.

Jusque là, j'avais couru comme un fou, n'ayant
qu'un but, une pensée : atteindre le voleur.

Cependant la nuit était venue, et sûr de la direction qu'il suivait, force me fut de faire halte, afin de
prendre un peu de repos. Je connaissais parfaitement, je l'avais parcouru plusieurs fois, le terrain
sur lequel nous nous trouvions ; seulement, je crai-
gnais que le fuyard vînt à rencontrer d'autres Indiens de la tribu des *Pieds-Noirs*, à laquelle il appartenait ; et si je pouvais espérer de surprendre
mon ennemi isolé, il ne me resterait aucune chance
de réussite lorsqu'ils seraient plusieurs.

Maintenant, rencontrerait-il pendant la nuit ceux
qu'il pouvait chercher, ou le trouverais-je le lendemain encore seul ?

Ce fut en agitant cette question, à laquelle je ne pouvais répondre, que je m'endormis brisé de fatigue et d'inquiétude.

Longtemps avant le jour je me remis en marche, suivant l'Indien. Selon toute probabilité, parmi les marais qui couvraient la contrée, il n'avait pu s'écarter beaucoup d'aucuns côtés.

Tout en marchant avec précautions, je raisonnais ainsi sur les chances que j'avais d'arriver à mes fins :

Les Indiens, me disais-je, sont comme des enfants ; donnez à ceux-ci un jouet et défendez-leur de s'en servir, vous verrez comment ils obéiront. Eh bien ! celui qui a mon rifle ne résistera pas si l'occasion d'en faire usage se présente ; qu'il rencontre une pièce de gibier, il fera feu : pourvu que je sois à portée d'entendre l'explosion, je serai bientôt sur lui ; et cette pensée donnait de l'élasticité à mes jambes et de la patience à mon estomac vide depuis longtemps.

Enfin le jour parut, un jour pâle, triste comme ils sont pendant l'hiver de ces régions, auxquelles le soleil d'été lui-même ne prête jamais un riant aspect.

J'étais sur une colline d'où je découvris, à un mille environ devant moi, une montagne pierreuse, isolée dans la plaine, une de ces hautes buttes qui semblent tombées du ciel, tant il est difficile de s'expliquer leur formation.

6.

Après un minutieux examen du terrain qui m'en séparait, je me mis en route pour m'y rendre ; j'espérais dans le trajet couper la ligne suivie par l'Indien et découvrir sa trace.

Ce ne fut pas long ; au pied de l'éminence que je venais de descendre, dans un petit massif de bouleaux et de sapins noirs, je tombe sur les débris encore fumants d'un feu allumé par lui, je ne pouvais en douter ; cependant d'abord, je m'étonnai d'une pareille imprudence de sa part, mais la réflexion me l'expliqua bien vite : il avait voulu pendant la nuit se donner le plaisir d'examiner à son aise le produit du vol.

J'étais sur la bonne voie, et cette découverte me rendit toute confiance, quoique le plus difficile, vous le comprenez, fut à faire.

Je touchais enfin à la butte, quand de formidables empreintes m'apparurent mêlées à celles de l'Indien ; c'étaient celles d'un *grizzly* (ours gris).

Un moment je restai indécis, ne sachant encore lequel des deux suivait l'autre ; je fus promptement fixé. En effet, les larges traces des pattes de l'animal couvraient en plusieurs endroits les vestiges des pas de l'homme ; il devenait même évident qu'il devait être acharné à sa poursuite.

Sans crainte de me trouver moi-même en présence du terrible carnassier, aussi faiblement armé que je l'étais, je hâtai le pas. Bientôt, la détonation d'une arme à feu se fit entendre parmi les rochers, que j'atteignis en courant. — Là, je vous l'assure, m'attendait un épouvantable spectacle.

Au fond d'une crevasse, l'Indien se tenait adossé au talus, mon rifle à la main ; à dix pas de lui, l'ours sur lequel il avait sans doute tiré arrivait en grondant. Bientôt, je vis le sauvage levant l'arme par le canon, en asséner un coup qui retentit sourdement sur la tête du monstre ; en même temps tous deux formèrent un groupe furieux, haletant, criant ; mais peu à peu le bruit se tut, et je vis l'ours déchirer des griffes et des dents celui qui avait osé l'attaquer ; j'entendais même ses formidables mâchoires broyer les os et les chairs palpitantes du malheureux....

Puis ses mouvements devinrent plus lents ; je le vis tourner plusieurs fois sur lui-même, comme s'il eût voulu se mordre le flanc, s'abattre après sur le côté, et rester sans mouvement.

J'attendis quelques minutes, et dès qu'il ne me fut plus permis de douter de la mort des deux adversaires, j'arrivai sur le lieu de la lutte.

La bête gisait, tenant encore entre ses dents un énorme lambeau de chair ; ses petits yeux ternes, demi-ouverts, exprimaient la rage féroce avec laquelle elle avait assouvi sa vengeance. L'Indien était littéralement en morceaux.

Mais qu'était devenu mon rifle, la cause innocente de la mort du voleur ? Je le trouvai là où j'avais vu l'Indien faire face à l'ours ; un coup de patte avait brisé la crosse. Je ramassai les débris et m'éloignai rapidement de l'endroit où venait de se passer la lutte.

Depuis vingt-quatre heures j'étais à jeun ; cependant l'envie ne me vint pas, vous pouvez me croire, de couper une grillade au cadavre de l'ours.

Vers le milieu du jour, je fus rejoint par un de mes compagnons, qui me suivait à la piste, tous deux nous arrivâmes promptement où l'autre gardait nos bateaux ; et, savourant un morceau de l'élan tué la veille, qui avait failli me coûter si cher, je leur dis ce que je viens de vous raconter.

Maintenant, M. Henry, voilà le jour, nous allons nous séparer ; mais, avant, j'ai une question à vous adresser et vous prie de répondre avec franchise :

Vous retournerez en France avant moi ; lorsque vous y serez, s'il vous est agréable de recevoir des nouvelles du chasseur de fourrures, lui, sera peut-être heureux de vous en donner ; je pourrais même avoir à réclamer de vous un important service.

— Et vous pouvez, lui dis-je vivement, attendre de moi tout ce qui sera en mon pouvoir.

— C'est bien, déjà j'en étais sûr ; donnez-moi votre adresse. »

Pendant que je l'écrivais sur une feuille détachée de mon cahier de notes, Peter, après avoir défait une des vis qui assujétissaient la plaque d'argent à la crosse de sa carabine, et fait jouer un ressort parfaitement dissimulé, me découvrait un petit compartiment ménagé dans l'épaisseur du bois, puis, lorsque je lui présentai ce que je venais d'écrire :

« Vous voyez, dit-il, mon tiroir aux secrets, je vais y loger votre adresse, et je vais même vous montrer qu'elle n'y sera pas en mauvaise compagnie... » En même temps il sortait une large enveloppe cachetée. Je ne pus en voir la suscription, mais je distinguai très-bien sur la cire verte l'empreinte d'un cachet armorié ; les figures de l'écu m'échappèrent : je vis seulement qu'il était surmonté d'un cercle à huit perles rangées.

Puis, en renfermant le tout : « Vous savez maintenant pourquoi je tenais à rattraper le rifle que m'avait volé l'Indien, me dit-il.

Si jamais en effet, je me lasse là-bas, dans le nord où je vais me rendre, de voir pendant les longues nuits d'hiver les ours et les loups courir sur la neige, et d'entendre craquer les arbres sous leurs charges de glaçons, ce jour-là, je me mettrai en route pour traverser l'Océan ; et, cette lettre à la main, j'irai à la poterne d'un vieux château que je vois d'ici, dans ma chère Bretagne. Là, vrai comme j'existe, s'ils ne m'ont pas gâté tout ce que j'aimais tant, je veux qu'à ma vue la herse se lève seule, et que le pont-levis s'abaisse de lui-même. Ce jour-là, les vieilles girouettes qui surmontent son donjon sont capables de grincer de joie sur leurs tiges rouillées.... Enfin, qui peut savoir ?... »

Pendant que tout à l'étonnement dans lequel

m'avaient plongé ses dernières paroles, prononcées
avec une émotion qui m'avait gagné, je restais immobile à ma place, Peter avait rapidement jeté sur
ses épaules son attirail de voyage; et, debout devant
moi, son rifle dans une main, il me tendait l'autre
que je m'empressai de saisir.

Puis, de sa voix ordinaire : « Adieu, me dit-il,
M. Henry. »

Avant que j'aie pu lui répondre, il s'éloignait à
grands pas, me laissant dans cet état de transition
par lequel passe l'esprit d'un homme, lorsqu'échappé
au rêve il va toucher la réalité.

VI

LE CHAMIZAL.

S'il est vrai, comme l'affirment certains physiolo-
gistes, que les facultés intellectuelles de l'homme,
loin d'occuper, confusément mêlées, l'organe qui les
renferme, s'y trouvent séparément claquemurées
dans de petites cellules, dont la toiture, preuve pal-
pable, fait même saillie à l'extérieur ; eh ! bien, chez
moi, l'esprit, qui doit être logé entre le jugement
qui raisonne et l'imagination qui ne le fait guère,
l'esprit, dis-je, est souvent en visite chez sa voisine ;
s'il m'arrive alors de vouloir causer avec lui, votre
serviteur, c'est la folle qui répond.

Ainsi, le vieux Peter venait de me quitter ; longtemps je l'avais suivi du regard, espérant, pendant
qu'il s'éloignait, le voir se détourner et échanger
avec lui un signe d'adieu ; il n'avait pas une minute
ralentir sa marche ; c'était un de ces hommes qui,

une fois en route, ne tournent plus la tête pour regarder derrière eux; et j'étais resté seul sous le coup de l'émotion éveillée par ses demi-confidences.

L'aventurier, qui avait d'abord excité ma curiosité, avait disparu; restait l'inconnu, vers lequel me portait la sympathie. Je voulais me rappeler ses moindres paroles, échafauder sur elles tout un passé mystérieux, et un avenir qui ne le serait pas moins; je voulais cependant dégager de l'inconnu quelque chose de rationnel; et en pensant à son vieux château, sa herse, son pont-levis, ses girouettes, je ne trouvais dans ma tête que ce couplet sarcastique du poète national :

> Voyez ce vieux marquis,
> Nous traiter en peuple conquis;
> Son coursier décharné,
> De loin chez nous l'a ramené
> Vers son vieux castel.
> Etc., etc., etc.

J'eus beau faire et penser, il me fut impossible de rester sérieux; et ce fut en jetant aux échos étonnés tous les couplets de la chanson que je me mis en marche.

Le soleil ne paraissait pas encore, mais les teintes pâles, ternes du matin, commençaient à devenir colorées, diaphanes.

Au-dessus du feuillage découpé des grands arbres, sous lesquels je cheminais, brillaient des lambeaux de l'atmosphère, comme à travers les noires guipures d'un mantelet on voit resplendir la peau transparente, satinée des blanches épaules qu'il recouvre.

C'était l'heure où la nature, qui ne sommeille jamais, mais agit pendant la nuit en silence, soucieuse du repos de ses enfants, reprend avec éclat et bruit son travail de tous les instants.

Je voyais par moment se glisser sous les branches de grands oiseaux de nuit aux ailes silencieuses ; ils plongeaient parmi les cimes touffues pour disparaître dans les crevasses de vieux troncs. Sur les rameaux les plus élevés, des geais aux ailes bleues semblaient, dans leur bruyant babil, appeler les premiers rayons du soleil, et secouaient leur plumage, sur lequel perlait la rosée.

Des compagnies de collins, éveillées par les cris rauques d'un vieux mâle, quittaient leurs perchoirs, descendaient, en sautillant de branches en branches, jusque sur le sol, et cherchaient dans les clairières les grains échappés aux tiges des graminées recouvrant la terre.

Parfois, derrière un arbre renversé par le temps ou la foudre, s'arrêtait un *coyotte*, qu'avaient surpris mes pas, et je pouvais voir un instant le museau effilé, les yeux perçants, les oreilles pointues du maraudeur qui détalait lestement pour gagner un abri sûr.

Les longues banderoles des mousses d'Espagne

7

(*tillandsias*), pendantes aux chênes, secouées par le
vent du matin, se balançaient comme pour me saluer
au passage.

Et j'allais gai, alerte, souriant à tout, puisque tout
semblait me sourire, et aspirant par tous les pores.
la vie calme, forte, qui animait la solitude.

Qui m'eût dit, à cette heure, que pendant une
journée commencée sous de tels auspices, j'éprouverais de ces moments de défaillance qui frappent
d'inertie l'âme et le corps, et laissent l'homme désarmé de son intelligence, de sa force, face à face
avec le découragement, parfois même le désespoir;
j'eus ri d'une telle prédiction : est-ce que l'homme
bien portant doute de la santé, le riche de la fortune? C'est déjà beaucoup si une sage prévoyance
fait ménager l'une et l'autre, et l'inquiétude du lendemain ne serait-elle pas la négation des jouissances
du jour? Mais n'anticipons pas sur les événements,
et sans me douter de ce qui m'attend, je vais prendre des forces; j'en aurai besoin.

L'heure du déjeûner est venue, non pour celui qui
a pu passer dans son lit une nuit tranquille, mais
moi qui ai respiré l'air vif de la matinée, et dont la
marche a aiguisé l'appétit ordinaire, je dis : il est
temps de faire halte.

J'ai quitté, depuis une demi-heure environ, les
grands bois derrière : jusqu'à l'horizon je vois s'é-
tendre une immense plaine, au milieu de laquelle
ondulent plusieurs rangées de collines qui coupent

la monotonie de la perspective ; en laissant sur ma droite les plus près, je sais qu'il ne me faudrait guère que deux heures pour arriver au but de mon voyage, c'est-à-dire au lieu où sont campés les chasseurs que je vais trouver, et j'ai tout le jour devant moi, car à peine s'il est sept heures ; rien ne me presse, arrêtons-nous donc ici.

Me voilà sur le bord d'un aroyo aux eaux transparentes.

Pauvre petit ruisseau, tu es bien heureux de ne pas rouler de paillettes d'or parmi ton sable ! aussi tu cours sans nom, paisible, ignoré sous les saules, les lauriers, les frênes, sans crainte de voir la pioche et la *battée* du mineur changer en boue infecte tes eaux si fraîches, si limpides !

Moi je ne te demande que quelques gouttes, elles adouciront le vieux rhum que contient mon flacon.

J'aurais peut-être continué longtemps ainsi, sans faire comprendre à celui à qui je les adressais la portée philosophique de mes réflexions, si un incident ne fût venu les interrompre, et me rappeler, comme on le dit vulgairement, qu'il n'est pas de médaille sans revers.

Tout en grignotant un biscuit de bord et une tranche de saucisson, je longeais une rive du cours d'eau, cherchant à reconnaître les traces des bêtes fauves qui devaient venir s'y désaltérer : déjà j'avais pu voir les larges empreintes laissées par des ours, lorsqu'à mes pieds, sous une touffe de *renoncules* aux fleurs

d'or, s'agita le corps gris d'un serpent, et j'aperçus
une tête plate, hideuse, qui m'apprit à qui j'avais
affaire ; c'était un *crotale* ou serpent à sonnettes de
belle taille ; mon premier mouvement fut de lever
le pied pour écraser, sous la forte semelle de mon
soulier, la tête aux yeux vifs, brillants, qui, soulevée
au-dessus du sol, me fixait ; mais je lui trouvais l'air
tellement agressif, malgré le frais du matin, que, par
prudence, je retournai lestement prendre mon fusil,
dont je m'étais débarrassé, et lui cassai les reins avec
une charge de plomb. Il avait à peu près quatre pieds
de long : son appendice caudale était formé de onze
cornets écailleux, et si, comme on le prétend dans
le pays, chacun d'eux marque une année de la vie de
l'animal, il n'aurait pas eu moins de onze ans ; quoi
qu'il en fût, c'était un des plus gros que j'aie ren-
contrés dans mes courses, égalant celui que, peu de
temps avant, j'avais eu l'honneur d'offrir pour sa
collection au prince allemand A... de W...

Cet incident, beaucoup trop insignifiant pour
troubler ma digestion, était oublié pendant que je
terminais mon repas et délibérais sur l'emploi de
ma journée, que j'étais bien décidé à passer seul,
m'arrangeant de manière à arriver dans la soirée au
campement de ceux que je devais rencontrer.

Toutes les informations prises avant mon départ,
m'avaient confirmé ce que je tenais d'eux : le gibier
gros et petit abondait dans ces parages, les ours
noirs, m'avait-on assuré, s'y rencontraient fréquem-

ment, et cette pensée de rallier mes connaissances en les saluant de ces mots : venez m'aider à transporter un ours que j'ai tué, me souriait tellement que, sans hésitation, après mon déjeûner, je rejoignis encore la lisière des grands bois.

Ce n'était plus déjà l'heure si douce, si fraîche, d'une belle matinée de printemps ; un chaud soleil de mai dardait ses rayons, et au-dessus des hautes graminées sauvages miroitaient tremblottantes les vapeurs du calorique rayonnant.

Les cris des oiseaux étaient moins répétés, moins perçants, et leur vol allait les abriter sous l'épaisse feuillée...

Des hardes de cerfs, des daims quittant la plaine, regagnaient leur couvert habituel.

Sans me déranger de ma route, j'aurais pu facilement en abattre quelques-uns ; je n'en eus même pas la pensée : qu'en aurais-je fait ? Et tuer, pour le plaisir de tuer des animaux inoffensifs, n'a jamais été pour moi un plaisir ; c'est bien assez de le faire quand la nécessité le commande, mais ce jour je n'en avais nul besoin, après déjeûner, ayant encore dans mon carnier des provisions pour dîner, sûr d'un gîte quand la nuit serait venue ; j'allais comme un seigneur dans son parc, saluant à peine du regard les hôtes qui le peuplent et l'embellissent.

Ce que je voulais, ce que je cherchais, c'était un ours, oui, là, bien certain d'être seul, sans crainte que l'aide d'un compagnon vînt m'enlever de la joie du triomphe en le partagaent ; je souhaitais vivement une sérieuse rencontre.

Cependant, parfois me revenait à l'esprit la pitoyable fin du voleur de rifle, je pensais au *grizzly* étouffant dans ses bras le malheureux Indien et faisant, à coups de dents et de griffes, voler sa chair en lambeaux.

Mais quelle différence, me disais-je : lui n'avait à tirer qu'un seul coup sur un de ces ours gris, qui peuvent tomber sous une balle, mais rarement sans avoir eu la force de se venger ; et moi je disposais de deux bonnes armes à double canons, et confiant dans mon habitude de m'en servir, dans mon sang-froid, sans arrière-pensée, je demandais au ciel de m'envoyer un ours.

Les vallées de la plaine; en arrivant au bois, devenaient des ravins aux pentes abruptes, rocheuses ; je les descendais, remontais lentement, explorais avec soin les espaces découverts : partout où le terrain était de nature à conserver des traces je l'étudiais attentivement ; jamais braconnier, dont les chiens ont été mis en défaut par un vieux bouquin, n'éprouva plus de plaisir en retrouvant les *piquets* de son lièvre au fond d'un sillon ou sur la terre fraîche du chemin, que j'en ressentais lorsque je rencontrais les profondes empreintes qui me révélaient, non loin de là, la présence de ce que je cherchais, mais toutes se perdaient bientôt dans l'épaisseur du bois, où je ne pouvais m'engager.

Enfin, après bien des allées et des venues inutiles, j'arrive sur le bord d'un *chamizal,* on appelle ainsi en Californie ce que les Mexicains désignent sous le nom de *chapparals,* des fourrés continus impénétrables, uniquement formés par l'entrelacement des troncs et des branches épineuses d'une espèce d'acacias rabougris.

Du haut du côteau sur lequel je me trouve, celui que j'ai à mes pieds s'étend, comme une immense nappe de verdure, jusqu'où peut atteindre le regard. La forêt, cédant la place à l'arbuste envahisseur, fait un coude, recule brusquement sur ma droite, et c'est à peine si, bien loin, je distingue la haute futaie; le massif qui m'arrête peut avoir environ une lieue de tour.

Devant cet obstacle, mon parti est bientôt pris, et je me dirige le long de la bordure du chamizal, qui me ramène vers la plaine, en jetant, avec un soupir, un adieu à mes espérances.

Toutefois, je ne pouvais me lasser de promener ma vue sur le fourré, et ma pensée m'y faisait voir les bêtes sauvages qu'il abritait, sans nul doute, pendant le jour ; à coup sûr, me disais-je, plus d'un ours, bien repu, repose là tranquillement, mais le moyen d'y arriver? Le regard du vautour lui-même n'est pas assez perçant pour pénétrer ces mystérieuses profondeurs ; quant à moi, je ne peux que maudire mon impuissance et passer outre, non sans me promettre d'y revenir passer plus d'une soirée à l'affût.

J'étais rendu à l'extrémité du chamizal qui s'avançait dans la plaine, quand sur la bordure m'apparut
un animal de la taille d'un bull-dog ordinaire ; son
pelage était fauve, mêlé de raies transversales et de
taches brunes, sa queue courte ; il me tournait le
derrière et paraissait occupé à dévorer une proie ;
mes pas, dont le bruit était amorti par le gazon recouvrant la terre, n'avaient pas attiré son attention,
et j'eus le temps de me mettre derrière un buisson de
hyedra pour l'examiner à l'aise à quarante pas environ.

Cet examen ne m'apprit rien, sinon que c'était un
carnassier qui déchiquetait à belles dents quelque
chose retenu sous ses pattes de devant ; lorsque les
morceaux offraient trop de résistance, il s'étendait
sur le ventre, se tournait un peu de côté pour les
broyer sous ses molaires ; mais de quelle espèce
était-il ? Je n'en savais rien, ne pouvant distinguer
sa tête ; et j'avais beau chercher dans ma mémoire,
et repasser ce que je savais de la zoologie de la
contrée, mes souvenirs ne me le disaient nullement.

J'avais heureusement suspendu à mon épaule ce
qui allait bientôt me permettre un examen plus facile, et fixer ma curiosité.

Je pose ma carabine, défais le crochet retenant la
bretelle de mon fusil, et arme le coup gauche ; avec
lui à cette portée, j'aurais mis à tout coup ma balle
dans le fond d'un chapeau ; j'épaule, ajuste le gour-

mand qui s'obstine à ne me présenter que sa croupe,
j'espère lui casser les reins, et je fais feu.

A travers la fumée, je le vois faire un bond de
deux pieds de haut et tomber sur le côté, se débat-
tant ; pendant que je m'élance vers lui, je crois l'a-
voir reconnu à ses longues oreilles surmontées de
bouquets de poils droits, ce doit être un LYNX, le
Catmount des Américains ; je vais rapporter sa dépouille.

J'arrivai à quelques enjambées, lorsqu'à ma vue
il semble faire un dernier effort, et s'enfonce en se
traînant dans le chamizal.

Qu'importe, il est blessé à mort, ne peut aller
loin, inutile de percer encore sa fourrure d'une autre balle : je jette à terre tout ce qui m'embarrasse,
ma couverture, mon carnier, dépose mon fusil, ma
carabine, coupe une forte branche, et, guidé par le
sang qu'il perd, me faufile à travers les broussailles
que j'écarte pour me frayer un passage, tant bien
que mal ; j'avais déjà plus d'une écorchure aux mains
ou à la figure, d'un accroc à ma veste, lorsqu'il me
semble entendre tout près la respiration bruyante du
blessé ; je m'arrête, écoute, c'est bien cela, seulement elle est entrecoupée, gênée, sans doute par le
sang qui sort de sa gueule, de ses narines ; je me
baisse jusqu'à terre, regarde, ne le vois pas, il faut
que j'avance.

Cependant le fourré est devenu si épais que je ne
peux le faire que sur les genoux et les mains ; enfin

7.

le voilà, la tête tournée de mon côté; ainsi que je l'ai pensé, il vomit le sang; un coup de bâton va l'achever.

J'approche avec peine encore un peu, j'étends le bras, glisse au-dessus de lui parmi les branches le morceau de bois dont je me suis muni, sans qu'il bouge, seulement ses lèvres retroussées, ses mâchoires ouvertes me disent qu'il ne serait pas prudent de le prendre au collet avant d'avoir terminé son agonie, ce que je veux faire; mais pouvoir est autre chose : impossible, non de frapper, mais même de laisser tomber la branche que je tiens; je ne peux qu'allonger un coup de bout sur sa tête, il répond par un coup de dent, une espèce de jurement à la manière des chats, se tourne et va quatre ou cinq pas plus loin se remettre.

Allons, me dis-je, m'échapperait-il? non, certainement, et quand il faudrait le tuer d'un coup de couteau, je l'aurai; et me voilà de nouveau à le suivre déjà presque couché sur le sol, tant le fourré est devenu épais. Bref, je suis prêt à le toucher, je distingue le trou de ma balle.... le diable l'emporte! au bruit que je fais en coupant les branches qui m'empêtrent et gênent mon bras, il est parti.

Décidément il faut en finir : je laisse mon bâton et je vais l'éventrer avec mon couteau de chasse, ce sera plus tôt fait. Mais lorsque quelques pieds à peine séparent la pointe de mon arme de son flanc, il m'a encore échappé.

Dix fois je recommençai la même tentative sans plus de résultats : à sa poursuite, j'ai déjà fait tant de tours, de détours, que je suis complétement désorienté.

Je ne pense plus au lynx, ne le vois plus, ne l'entends plus râler près de moi, je suis harassé de fatigue, mes mains sont en sang, ma veste en lambeaux, la sueur inonde mon visage, depuis plus d'une heure je me traîne sur les mains, les genoux, le ventre ; encore une fois le diable emporte la maudite bête ! Je veux sortir d'ici.

Autour de moi des milliers de branches, de troncs, si pressés, que pour allonger le bras il me faut les écarter, les briser ; au-dessus de ma tête, un toit de feuillage qui ne laisse pas une éclaircie, les branches épineuses se croisent, s'enlacent à trois pieds de terre à peu près, je ne peux pas me redresser, et dans le chamizal il n'existe pas un arbre à l'aide duquel je puisse m'enlever au-dessus du massif.

Cependant il me faut sortir d'ici ou j'étouffe.

Et de suite je me lance, perçant le fort comme un sanglier, brisant des pieds et des mains tout ce qui me fait obstacle, et toujours courbé en deux ; je m'épuise ainsi pendant un quart-d'heure, m'arrête haletant, n'en pouvant plus, je me détourne, il me semble que j'ai dû ouvrir une grande route. Ah oui!... à peine si je reconnais à six pieds la trace de mon passage, tout s'est refermé ; et devant, derrière, à mes côtés, toujours des branches, des tiges serrées comme les barreaux d'une cage à serins. . . . .

Oh! ne riez pas du rapprochement, de la comparaison, je vous jure qu'il n'y pas de quoi rire, loin de là.

Mais me direz-vous peut-être, comment étiez-vous assez fou de vous engager là dedans, et cela pour une misérable peau sans valeur?

D'abord je n'avais jamais tué de lynx, je n'en avais même jamais vu, et je croyais avoir blessé un animal rare dans le pays.

D'ailleurs demandez au joueur qui s'est déjà ruiné dix fois pourquoi il jette sur le tapis vert cette dernière pièce d'or, qui donnerait à manger à lui... et peut-être à sa famille? La passion, l'entraînement, — remarquez que j'explique et n'excuse pas : maintenant si vous aimez la chasse comme on peut l'aimer, vous m'avez déjà compris.

Mais une pensée effrayante me traverse l'esprit, je veux l'écarter, le raisonnement la ramène.

Es-tu sûr, me dit-elle, de ne pas t'enfoncer de plus en plus dans le chamizal?

C'est vrai, mon Dieu! et si par malheur je me trompais, aurais-je la force d'aller jusqu'au bout.

Et le doute, après avoir chassé la confiance qui soutenait mes forces, ne me livre pas encore au découragement, mais me fait comprendre que je ne peux continuer à aller ainsi au hasard.

Après quelques instants de réflexion, voici à quoi je m'arrêtai : j'allai tenter de retrouver d'abord des indices du parcours que j'avais suivi pour venir; si j'étais assez heureux d'y parvenir, il ne s'agirait plus que de le suivre dans un sens opposé ; j'aviserai quand le moment sera venu. Il faut donc que je retourne un peu en arrière, je l'essaye, et comme mes bras et mes jambes sont fatigués, je commence à couper, à l'aide de mon couteau, tout ce qui me gêne; mais les tiges que je sépare de leur pied s'abattent sur moi, m'enlacent ainsi que les mailles d'un filet, et c'est à peine si j'ai encore la force de serrer le manche de mon couteau catalan qui m'échappe.

Je recommence alors à me glisser, je rampe sur le sol, mais tout ce qui s'oppose à mon passage me contraint à faire des circuits qui m'égarent de plus en plus dans l'inextricable fourré.

Et de nouveau je m'arrête essoufflé, anéanti, le sang afflue à ma tête, mes oreilles bourdonnent, mes yeux doivent être pleins de sang, ma poitrine est oppressée, des idées confuses assiégent mon cerveau . . .

Et pourtant, mon Dieu! je ne peux pas être très-éloigné de la bordure, car je n'ai pas toujours avancé en ligne droite; quelques centaines de pas, peut-être, seulement m'en séparent, mais de quel côté?... Comment le savoir? Ah! si je pouvais une seconde dominer le massif... essayons, et de suite je saisis un faisceau de tiges, je m'enlève sur les poignets, veux redresser la tête, impossible... les branches, les épines sont là si épaisses, qu'un oiseau y laisserait ses plumes. Je me laisse retomber, arrive à peine à toucher la terre de mes pieds, et je m'avoue sans détours que mon imprudence m'a posé une question de vie ou de mort.

J'avais pu déjà voir la mort de près sous la forme d'un fleuret démoucheté ou d'un canon de pistolet, je l'avais entendu hurler ses menaces par la grande voix de l'ouragan sur les mers tempétueuses du cap Horn, du cap de Bonne-Espérance ; et toujours je m'étais trouvé calme et sûr d'être résigné au moment suprême ; mais là, parmi les brousailles, ne pas pouvoir même dresser le front pour la voir venir, se sentir mourir en détail, sentir son intelligence s'envoler, son corps s'affaiblir ; en vérité, c'était à devenir fou.

La nuit précédente j'avais peu dormi, on se le rappelle. La préoccupation, l'accablement que j'éprouvais me firent bientôt sentir le besoin d'un moment de repos : me rendrait-il mon énergie ?

Je vais vous donner une idée du travail qu'il me fallait accomplir pour me frayer une route dans le chamizal : afin de m'étendre, sachez que je fus obligé de couper pas moins de cent cinquante tiges d'acacias, de les accrocher pour les soutenir, à celles qui restaient debout, et, cette peine prise, à peine avais-je l'emplacement pour retourner mon corps ; tout juste si j'avais découvert un peu plus de cinq pieds de long sur deux de large ; il est vrai que les tiges n'étaient pas partout aussi serrées, mais pour suppléer au nombre elles étaient plus grosses, et leurs branches basses enlacées, leurs fortes épines, rendaient peut-être la circulation encore plus impossible.

Maintenant, voyez si je me trompais, si je ne me dirigeais pas vers la lisière la plus proche, le tour de force qu'il me fallait exécuter afin de sortir.

Avant que le sommeil fût venu, je jetai un regard autour de moi.

Le jour qui éclairait le chamizal était plus faible qu'on peut le voir un soir d'automne, quand le soleil est couché, sous le sombre feuillage des charmilles désertes de Versailles.

Le battement d'ailes d'un oiseau eût fouetté et fait envoler les tristes pensées qui me gonflaient le cœur, le cri strident d'un insecte leur eût fait diversion; le moindre bruit qui serait venu me dire: Courage! près de toi encore tout respire, tout vit, s'agite, qu'il eût été le bienvenu ! mais rien, que cette lueur qui n'était ni le jour ni la nuit, et le silence d'un champ de repos.

Aussi à ce momeut, pendant que l'agitation fébrile du corps et la surexcitation de l'esprit me manquaient, je pus entrevoir toute l'horreur de ma position.

Je me vis au milieu de l'inextricable fourré, m'épuiser en inutiles efforts, ne pouvant attendre de secours de personne; bientôt, me disais-je, je n'aurai qu'à appeler Dieu à mon aide, et s'il ne veut pas m'entendre, mon heure sera venue; l'épuisement du corps réagira sur le moral, je n'aurai plus même la force de vouloir, et ne peux rien attendre du désespoir.

Et puis bien d'autres pensées plus amères vinrent m'affliger; celles-là franchissant tous les obstacles, emportaient ma pauvre tête à travers l'espace et le temps : je me trouvais au milieu de ceux qui pensaient à moi, comme je pensais à eux; je les voyais, les jours, les mois, les ans trompant leur attente, se dire : qu'est-il devenu?

Oh! puissance des élans du cœur, qui saura jamais ce que vous pouvez inspirer?

Si à cette heure, je n'eusse été rattaché à la vie que par le sentiment instinctif de la conservation personnelle, mon énergie eût peut-être faibli devant le travail à accomplir, et le souvenir de ceux qui m'attendaient me rappela à moi-même.

Je fermai les yeux, concentrai ma volonté pour satisfaire aux exigences du corps qui voulait du repos, et me mis à dormir.

Rien ne vint interrompre mon sommeil, qui put durer deux heures, pas un rêve ne le troubla; au réveil ma tête était calme, mes membres un peu reposés. Je me trouvais en état d'entreprendre encore de sérieux efforts pour m'échapper.

Je ne pensais plus à chercher mon premier passage. Je doutais que cela fût possible, et je m'attendais à faire de mon mieux pour suivre directement la ligne que je jugeais devoir me conduire vers la bordure la plus près du chamizal.

Après avoir ouvert mon couteau, j'allais commen-

cer ma pénible tâche, quand un bienheureux incident attira mon attention.

A six ou sept pas de moi passait un lièvre, suivant
une direction tout-à-fait opposée à celle que j'allais
prendre ; rien ne paraissait l'avoir effrayé, il allait
d'un pas tranquille sans me regarder.

Cette vue me fit faire une réflexion à laquelle je
dus mon salut.

Je connaissais parfaitement les habitudes de ces
animaux, et je savais qu'après avoir passé le jour
au bois, ils le quittaient vers les quatre ou cinq heures du soir pour gagner la plaine. Il devait déjà être
cette heure, mon lièvre regagnait les champs, il
m'indiquait la direction à suivre ; je n'hésitai pas, et
j'abandonnai celle que j'avais choisie.

Mais encore surgit cette terrible difficulté : comment aller en ligne droite dans le dédale ? Et bien
décidé à ne plus m'épuiser comme un fou, je m'arrête, réfléchis pour trouver le moyen de fixer ma
trace.

Dieu soit béni ! je l'ai enfin trouvé, je suis sauvé !...
J'avais pour cravate un foulard de couleur claire, un
mouchoir blanc dans ma poche, je défais l'une, tire
l'autre, les coupe en étroites lanières, j'en fais plus
de soixante qui vont me servir à jalonner ma route ;
je ne peux plus m'égarer.

Voilà où j'ai vu le lièvre ; j'accroche à une branche d'arbre mon premier morceau, tous les dix pas
environ j'en suspends un autre. Ma foi dans le résultat,

est telle, que je ne ressens pas les innombrables dé-
chirures que me font les épines, les branches, je ris
même lorsqu'en me détournant, je vois qu'aux indices que je pose s'en joignent d'autres : ce sont les
débris de ma veste, de ma chemise qui s'en vont en
lambeaux ; quant à ma casquette, il y a longtemps
que je l'ai perdue sans m'en apercevoir.

Je m'arrête par intervalle pour prendre un instant
de repos, car je suis bien las. Enfin, après de longs
et pénibles efforts, tout à coup je crois sentir un peu
de fraîcheur sur ma poitrine nue, ruisselante ; je
m'élève pour voir devant moi, ne vois rien, me baisse
jusqu'à terre, à vingt pas encore il me semble découvrir une éclaircie, et presque en même temps
j'entends le chant d'un oiseau... Je vais être libre...
Merci, mon Dieu !...

Dire comment je franchis cet espace, je n'en sais
rien ; lorsque je me trouvai hors de l'infernal massif, j'avais toujours à la main quelques chiffons que
je n'osais pas lâcher : de mon vêtement, il ne me restait intact que mes guêtres ; ma figure, mes épaules,
mes bras, mes mains étaient couverts de sang.

Après la première pensée, qui fut pour remercier
Dieu de m'avoir sauvé, la seconde fut de retrouver
tout ce que j'avais le matin laissé en entrant dans le
chamizal. Les lieux bien reconnus, je m'y dirigeai
lentement, tant j'avais de peine à me tenir droit.

J'étais sorti à un quart de lieue à peu près de l'endroit où je retrouvais le tout ; seulement les fourmis

avaient pris possession de ma carnassière, et réduit
à l'état de miettes mes provisions de bouche.

Après avoir bu plusieurs gorgées de rhum pour
réconforter mon estomac, recouvert les haillons qui
pendaient autour de moi avec le *saraie* que formait
ma couverture, allumé ma pipe, je me mis en route
pour aller trouver ceux qui m'attendaient depuis la
veille.

La nuit était venue quand j'arrivai à la tente ; avec
eux se trouvait un ranchero, qui ne voulait pas croire
d'abord que j'étais entré dans le chamizal et en étais
sorti ; il fallut que je lui fisse voir pour le convaincre, sur mon corps, les traces saignantes de ses
épines.

A dater de ce jour, je tirai rarement sur les lièvres
en Californie, et s'il m'arrive encore ici d'en *peloter*
quelques-uns avec plaisir, c'est que je suis certain
qu'ils ne sont à coup sûr ni alliés, ni parents de celui qui là-bas fut pour moi la colombe de l'arche.

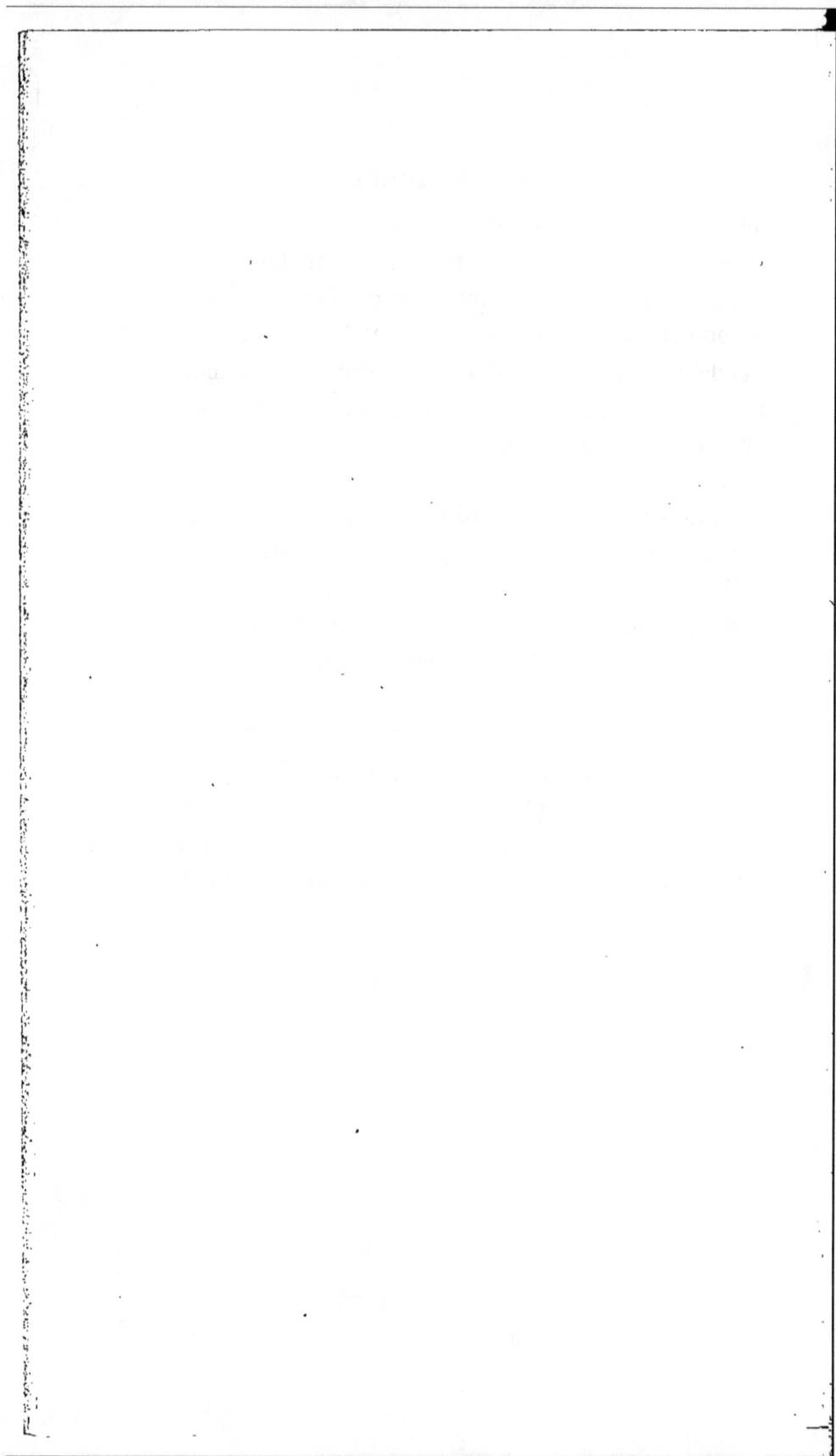

VII

L'OURS ET LES DEUX COMPAGNONS.

Ceux-là n'ont pas vendu la peau de la bête avant de l'avoir mise bas; bien au contraire, un d'eux vient de la payer une piastre, ce qui n'est pas cher; mais il faut ajouter qu'au moment du marché la splendide dépouille se promenait encore sur sa robuste charpente, le long des roches abruptes de la chaîne que les Américains appellent *coat's Mountains*.

Voici ce qui était arrivé :

Grâce au ranchero à qui j'avais raconté l'histoire du chamizal, mon aventure avait fait bruit dans le pays, et passant de bouche en bouche s'était si bien grossie, dénaturée, que quelques-uns des braves gens qui en entendirent parler à l'époque, me croient peut-être encore dans le fourré à chercher mon chemin; mais nos voisins les plus proches pour savoir à quoi s'en tenir, affluèrent pendant plusieurs jours à notre campement.

Leurs visites, après tout, n'étaient pas faites pour me flatter; à leurs sourires, à leurs plaisanteries il m'était facile de voir qu'ils me prenaient pour un fou plutôt que pour un héros; je n'avais de prétention à aucun de ces titres, et, pour en finir avec tous ces badauds, j'avais pris le parti de tourner les talons sans répondre.

Un soir, pendant qu'après le dîner nous étions, les amis et moi, assis autour du feu à l'entrée de la tente, occupés à faire le thé, le galop précipité d'un cheval vint interrompre la conversation; une seconde plus tard le cheval lancé à fond de train, venait d'un bond s'arrêter les jambes de devant dans les cendres du foyer, pendant que le cavalier le maintenait immobile, acculé sur l'arrière main par une violente pression du mors, et sauvait d'un bouleversement complet les tisons et la marmite.

Nous pouvions parfois recevoir un Californien lorsqu'il nous ennuyait même, mais son cheval c'était trop fort; aussi tous trois lestement debout adressions-nous au nouveau venu de ces mots qui échappent à la bouche, jamais à la plume; j'avais même le bras levé pour saisir la bride du cheval, mais les paroles suivantes suspendirent le geste.

— *Buenos dias senores, como lo pasa senor Enrique?*
C'était une de mes connaissances. La nuit déjà

noire et un large sombrero m'avaient empêché de reconnaître Pacheco.

Permettez que je vous le présente :

Pacheco, *péon, vaquéro, arriero* même au besoin, a
fait bien des métiers; pour le moment il est attaché
au rancho de Don C..., là, il passe ses jours et une
partie des nuits à courir à cheval pour surveiller les
innombrables troupeaux du maître. J'avais cru
d'abord qu'il n'avait jamais su marcher, mais la difficulté qu'il éprouve à le faire provient de sa rencontre avec un ours. Voici ce que je tiens de lui à ce
sujet :

Un jour en flânant à cheval il se trouve nez à nez
avec une vieille bête qui, à sa vue, loin de fuir grogne et s'arrête, le hardi péon en fait autant, mais en
riant à la pensée du tour qu'il allait lui jouer : rapide comme l'éclair, son lasso prêt, il fait franchir
à son cheval la distance qui les sépare, et le nœud
coulant siffle, tombe et enlace l'ours, qui jusqu'alors
a semblé se prêter au jeu, mais voilà que la scène
change de face : Pacheco veut enlever sa victime au
galop du cheval, qui malheureusement fait un faux
pas et s'abat pendant que l'ours bondit, se rue sur
le groupe, d'un coup de griffe emporte un mollet du
cavalier, qui réussit à grand'peine à se sauver, laissant sa monture fournir un copieux repas à la bête
féroce.

Depuis ce jour Pacheco a plus d'une fois pris sa
revanche, mais est resté atteint d'une claudication

qui lui donne à pied, un peu de la tournure d'un canard dont on force la marche; c'est grand dommage, avant l'accident notre péon était un beau garçon très en vogue auprès des *chinas* (grisettes) mexicaines.

Maintenant que vous le connaissez, écoutez-le :

— Eh! senor Enrique, je viens vous rendre visite.

— Soyez le bienvenu mon garçon, mais faites un peu reculer votre cheval qui souffle dans nos cendres et descendez, nous vous offrons une tasse de thé et un verre d'*aguardiente*, puis vous me direz ce qui vous amène.

— Ce qui m'amène, me dit-il, en se rendant à mon invitation, d'abord le plaisir de vous voir, et je viens vous demander si vous courez toujours après les ours.

— Plus que jamais, Pacheco, cependant je crois qu'il faudra y renoncer, je ne suis pas heureux depuis l'affaire de la *cagnade Saint-Sevin* (il connaissait cette aventure que j'ai eu l'honneur de raconter à mes lecteurs), je n'ai pas rencontré un de ces maudits animaux.

— Eh bien, senor, que me donnerez-vous si je vous conduis à un endroit où vous trouverez votre affaire?

— En vérité, vous en connaissez un?

— Oui, oui, et de belle taille, *caramba!*

— Je vous donnerai, Pacheco, une piastre même avant de l'avoir vu, parce que j'ai foi en vous, et cinq autres si je le tue; qu'en pensez-vous?

— J'accepte, et pense que la bête morte vous se-

rez encore plus généreux, et me ferez cadeau de
quelques bouteilles d'*aguardiente* par-dessus le marché.

— Nous verrons.

— Quand voulez-vous partir, senor?

— Où se tient-il d'abord?

— Loin d'ici, de l'autre côté.

Et son bras tendu m'indiquait les montagnes qui,
au-delà la Baie, dominent le rivage de *San-José*; pour
m'y rendre, en contournant les marais, j'avais au
moins à parcourir trente ou quarante milles.

— Mais j'ai pensé, ajouta-t-il, lorsque j'ai appris
où vous étiez, que nous pourrions traverser la Baie,
et je viendrai demain matin vous chercher avec l'embarcation du senor C..., si vous le voulez.

— Certainement, très-bien, je serai prêt; en attendant voici les arrhes du marché, et je lui mis en
main une piastre, certain qu'il ferait son possible
pour gagner les autres.

Après avoir pris une tasse de thé, vidé une demi-
bouteille de rhum, il partit au galop, me criant :

— *Manana, senor Enrique, se entiende asi.*

— Demain, monsieur Henry, c'est convenu.

Pendant, qu'avant de m'endormir, je mettais mes
armes en état de ne pas trahir mes bonnes intentions
à l'égard de celui qui me coûtait déjà cinq francs,
un de mes compagnons fit son possible afin de me
décider à le laisser m'accompagner, tout fut inutile,
car j'étais certain que poursuivi par ma mauvaise

8

chance, je n'aurais eu d'autre mérite, si la rencontre
avait eu lieu, que d'achever l'animal ainsi que je l'a-
vais déjà fait, et j'aurais plutôt renoncé à la partie
de plaisir si j'avais dû le partager. Seulement, lui
dis-je, jurez-moi André, de rester avec Pacheco, et
de ne venir me trouver que lorsque j'aurai tiré, et
vous pourrez me suivre.

Faute de mieux, mon ami accepta la proposition,
et le lendemain matin, au petit jour, nous étions tous
deux au point où devait venir nous prendre l'embarcation.

Autour de nous s'étendait un terrain entrecoupé
de canaux, de grandes flaques d'eau bordées de joncs
hauts, épais, où foisonnaient, dans cette saison, de
nombreuses bandes d'oiseaux aquatiques dont l'arrivée annonçait déjà le souffle du *nortaind* sur les
rivages de l'Amérique russe. Tous les matins des
files d'oies, de canards de toutes les espèces, de
toutes les tailles, de toutes les couleurs, depuis l'eider
au moëlleux duvet, le petit canard des bois aux riches
nuances, jusqu'au canard sauvage tel que nous le
voyons sur nos étangs, nos rivières d'Europe, arrivaient, planaient, manœuvraient au-dessus des ma-
récages, échangeant avec leurs congénères qui les
avaient précédés, des cris assourdissants, puis, peu
à peu, chacun ayant retrouvé les siens, abaissait son
vol, reployait le cou, et les pattes tendues tombait
en caquetant parmi les amis dont il avait reconnu
l'appel et le plumage.

Pendant que tranquille, je fumais ma pipe et gardais ma poudre pour un autre gibier, mon compagnon en avait déjà abattu une douzaine, et séduit par son début lorsque nous aperçumes la pirogue qui arrivait :

— Décidément, me dit-il, vous ne voulez pas que je vous aide à tuer l'ours?

— Non, mon cher, pas plus que je vous proposerai de le faire, si un jour l'idée vous vient de vous passer la même fantaisie.

— C'est bien, alors je reste ici où je vais tuer ma charge de canards, allez, bonne chance, et prompt retour, ajoutez à la vôtre ma provision de rhum et surtout revenez le plus tôt possible nous dire ce que vous aurez fait.

J'approuvai fort ce changement dans ses idées, pris sa gourde et sautai à côté de Pacheco qui venait d'accoster.

— Quand pourrais-je être de retour, demandais-je au péon, pendant qu'il ramait vers le large.

— Demain à pareille heure, senor.

— Ohé! André.

— Que voulez-vous?

— Demain matin, à la même place, venez aux canards, vous m'attendrez.

— Oui, adieu, bonne chance; j'y serai.

Et me voilà parti.

En temps ordinaire ce n'était pas un bavard que Pacheco, souvent même on avait de la peine à lui arracher les paroles; mais moi qui voulais le faire jaser et obtenir des renseignements, je connaissais mon homme et trouvais bien vîte le moyen de lui délier la langue; je lui fis cadeau d'un cigare, et lui passai la gourde que je venais de recevoir, sitôt qu'il me l'eut remis, après lui avoir donné une longue accolade, je n'hésitai plus à entamer ainsi la conversation :

— Vous pensez que je serai de retour demain matin?

— Oui, oui, vous tuerez l'ours ce soir, nous passerons la nuit au rancho et je vous ramènerai demain matin, quand vous m'aurez compté cinq piastres.

— Diable! comme vous y allez; je tuerai l'ours, dites-vous, absolument comme s'il ne s'agissait que de tirer sur un pigeon, et si je le manque?

— Allons donc, senor, vous voulez rire; le manquer, un ours gros comme un bœuf!

— Ah! il est gros comme un bœuf?

— *Si en verdad, senor;* je vous assure que si le senor C... et moi, avions pu le trouver en plaine avec nos *reatas* (lassos), son affaire serait faite maintenant, mais nous avons eu beau le guetter le brigand, il n'est pas sorti de la sierra depuis qu'il a tué le plus beau taureau du rancho, aussi nous avons pensé à vous dès que nous avons entendu parler de votre affaire dans le chamizal.

— Je vous en sais gré, Pacheco. Se tient-il loin dans la montagne?

— A trois milles environ au-dessus de l'endroit où vous avez tué un *puma*, du côté opposé à celui que nous voyons d'ici, il est logé parmi des rochers où le diable n'irait pas le chercher, mais je vous ferai voir son chemin pour sortir, il passera à vous toucher, seulement il ne faudra pas le laisser venir aussi près.

En causant ainsi nous arrivâmes sur l'autre rivage de la baie, où Pacheco avait eu le soin de laisser son cheval; quand il fut en selle :

— Maintenant, me dit-il, le senor C... vous attend pour déjeuner, après nous nous mettrons en route.

Une demi-heure nous suffit pour nous rendre au rancho où j'étais effectivement attendu par le maître qui me reçut comme une vieille connaissance, et je vis clairement que j'avais fait avec le péon un marché de dupe; il était venu tout simplement me trouver de la part du ranchero pour s'acquitter d'une commission, mais je me donnai bien garde d'en rien faire paraître, certain que si Pacheco avait pu mettre en doute l'exécution de ma promesse, il n'aurait pas manqué de le reconnaître à sa façon, soit en me postant de manière à ce que je ne visse rien, peut-être même m'eût-il créé de plus graves embarras.

A midi j'étais prêt à partir, mon guide m'attendait dans la cour; je refusai l'offre qui me fut faite d'un cheval et préférai suivre le péon que j'engageai à ralentir l'allure du sien.

Deux heures de marche nous firent traverser

8.

toute la partie de la sierra que j'avais déjà parcourue. Nous étions arrivés sur la crête : là, Pacheco m'avertit qu'il n'irait pas plus loin, et de la clairière où nous nous trouvions, au-dessus du versant que j'allais descendre, me donna les indications qui devaient à coup sûr me mettre sur les traces de la bête.

Il ne me restait environ, d'après lui, qu'un demi-mille à parcourir, et je distinguais clairement les masses rocheuses où se trouvait la tanière.

— Moi, me dit-il, je vais rester ici, où il passe souvent; si par hasard je l'apercevais, je vous avertirais de suite en soufflant dans ma corne; maintenant, croyez-moi, n'approchez pas trop près, arrêtez-vous à deux cents pas de l'extrémité de la *canada* que vous suivrez pour ne pas lui donner l'éveil, et regardez sur la terre, au fond vous verrez ses pas.

— Oui, c'est bien, mais vous, qu'allez-vous devenir ici jusqu'à ce soir?

— Je vais dormir, senor.

Et sans descendre, Pacheco venait de trouver un lit de repos; tout près de nous, un arbre avait projeté horizontalement une forte branche à la hauteur de la poitrine du cavalier, après avoir engagé, dessous l'encolure de son cheval, accroché les rênes au pommeau de sa selle, croisé sur la branche ses bras pour servir de point d'appui à sa tête. Je crois qu'il ronflait avant que j'eusse fait dix pas; il faut en vérité avoir vu de pareilles scènes pour s'en faire une idée.

Mais laissons le péon aussi insouciant de ce qui va arriver, que vous pouvez l'être lorsque, passant sur le bord d'une rivière, vous voyez un pêcheur à la ligne amorcer son hameçon, et revenons à moi.

Je suis cependant presque honteux d'appeler ainsi toujours votre attention sur ma chétive personne, mais je vous dis aussi que je crois impossible de se faire, en pareille circonstance, l'interprète d'un autre, en dépit de l'intuition dont on peut être doué.

Bien des années se sont écoulées depuis, et je suis à cette époque de la vie, où chacune de celles qui tombent compte double; cependant en écrivant ces lignes, je ne vois plus tout ce qui m'entoure; à la place de la riante verdure de mes tilleuls, m'apparaît l'arbre sous lequel j'ai laissé mon compagnon, qui forme avec sa monture un de ces groupes comme put en rencontrer dans la cour du château de la *Belle au bois Dormant* l'heureux prince qui lui apportait le réveil.

Je ne vois plus, à travers les rideaux festonnés de mes peupliers bordant la rivière, au-dessus des prés, des blés, des vignes, les blanches maisons du village.

Je suis en pleine sierra.

De distance en distance, des sapins, des cèdres m'indiquent sur ma droite les étages de la montagne; à l'opposé la pente est plus douce, moins ravinée, la végétation y paraît plus continue, et devant moi, à mes pieds, la canada que je vais suivre. Pendant que je m'y rends, je me répète ces paroles de Pacheco :

— Ce soir vous tuerez l'ours.

Sur ma foi, je ne doutais nullement du résultat ; comme garantie j'avais quatre coups à tirer, car je ne comptais pas sur mon couteau, persuadé qu'il est impossible même à l'homme le plus vigoureux de sortir sain et sauf d'une lutte à l'arme blanche avec un ours de la taille de celui que j'allais trouver ; aujourd'hui encore, j'accorderai qu'on arrive à le blesser mortellement, mais les deux adversaires doivent presque toujours être victimes du combat.

En effet, l'ours n'est pas, ainsi que le lion, le tigre, la panthère, redoutable pour la brusque instantanéité de l'attaque, mais la puissance de sa force vitale est incontestablement plus grande que celle des animaux que je viens de citer ; ajoutez à cela l'épaisse fourrure qui le protége, l'acharnement avec lequel il s'obstine dans sa vengeance, et vous croirez sans peine ce que j'avance ici, qu'un ours de sept à huit cents livres est un adversaire peu à dédaigner, et qu'un chasseur n'a pas tort de mettre de son côté toute chance possible de réussite. Je n'en avais négligé aucune : j'avais ma carabine et mon fusil ; la première, comme toujours, chargée d'un côté d'une balle cylindro-conique, d'une ronde de l'autre ; dans le canon droit de mon fusil, deux balles mariées, une seule dans le gauche. Ce coup, d'une portée si sûre, était destiné à appeler sur moi l'attention de la bête, si elle passait trop loin; en l'attendant j'aurais le temps de prendre mon autre arme que je ne déchargerai en pleine poitrine qu'à la distance de six à huit pas.

Dès que j'eus descendu la pente pierreuse aboutissant à la crevasse que j'allais longer, je pus me convaincre de la vérité des renseignements qui m'avaient été donnés. Sur le sol m'apparurent les longues, larges et profondes empreintes des pas de l'animal.

Depuis longtemps, sans nul doute, il fréquentait la même trace, son passage avait pour ainsi dire creusé une ornière; cependant en plusieurs endroits il m'était facile de voir qu'il abandonnait quelquefois le sentier pour s'enfoncer dans la forêt à ma gauche.

Cette découverte me décida à me poster sur la lisière; s'il venait à lui prendre fantaisie de percer à travers le bois, je pourrais peut-être l'apercevoir, ce que je jugeais impossible étant parmi les rochers du bord opposé.

Depuis plus d'un quart d'heure je marchais lentement, et n'avais fait que de courtes haltes pour examiner la piste; quand le terrain commença à s'élever, j'étais presque rendu à l'extrémité de la canada et ne devais pas aller plus loin, sous peine de porter peut-être l'alarme chez l'ennemi. Or, d'après la connaissance que j'avais du caractère des ours de l'espèce de celui que je cherchais, il me fallait de suite me placer en embuscade pour ne pas éveiller sa défiance, car dans ce cas il ne serait sorti qu'à la nuit, et aurait pu même, s'il m'avait vu, prendre une direction opposée.

La première ligne du bois est formée par d'épais buissons, qui ont été brisés, foulés; partout où se trouvent des coudriers sauvages, leurs rameaux sont tordus, cassés, dépouillés de leurs feuilles; c'est que, voyez-vous, quand il passe par la tête de maître *Martin* de se régaler de noisettes, dont il est friand, il ne ménage pas l'arbuste pour la récolte suivante, et arrache souvent le fruit et la tige.

Je trouve là-dedans de bien jolies cachettes, plusieurs places même où il a dû faire la sieste, et quelques-unes si fraîchement battues, que j'arme ma carabine, ralentis ma marche, avance sur la pointe des pieds comme dans une chambre de malade. C'est que vraiment je pourrais tout à coup me trouver nez à nez avec lui.

Maintenant où m'arrêter?

Parmi ce fourré, je n'y vois pas à trois enjambées, c'est impossible. Je dépasse ces broussailles et arrive sous les grands arbres, mais là elles me masquent le fond de la canada, il faut que je le domine.

Raisonnant ainsi, j'avise un beau chêne; une de ses branches, sortie à quatre ou cinq pieds du sol, s'avance dans la direction que je ne dois pas perdre de vue; il faut que je m'installe dessus; je suis certain qu'ainsi posé, mon feu battra les trois quarts du cercle qui m'entoure; j'aurais préféré rester solidement campé sur mes deux jambes; mais impossible, et le temps presse.

J'espère que vous me ferez l'honneur de ne pas supposer que j'ai cherché un abri contre une attaque; si vous deviez le penser, je vous dirais que je me crois, au contraire, en cas de maladresse, beaucoup plus mal placé qu'à terre : d'abord, quoique élevé, je reste certainement à portée des pattes de l'ours, et, au surplus, celui que j'attends est un grimpeur assez habile pour aller décrocher un gigot à la tête d'un mât de cocagne.

Je ne veux pourtant pas me poser en émule du célèbre tueur de lions; de l'infortuné Delegorgue, le massacreur d'éléphants; bien loin de là, si j'ai le bonheur de tuer mon ours, comme je le pense, je ne prendrais pas en habitude d'aller seul leur faire une guerre à outrance; mais le cas échéant, je serais sûr de moi.

Mon premier soin, une fois perché, fut de couper, casser tout ce qui me masquait les alentours, surtout du côté d'où j'attendais la visite.

Puis, arriva le moment ennuyeux des doutes, des incertitudes, et singulière chose, l'esprit qui devrait s'apaiser dans le repos de l'attente, s'impatiente, s'irrite et produit en moi cet effet que, réagissant sur le corps, il m'enlève le calme que je ne retrouve plus qu'au moment de l'action.

Afin de me distraire, je laisse vagabonder mes

idées; elles me reportent loin en arrière et me remettent en mémoire une aventure peu faite pour me
disposer à tenter des épreuves dans le genre de celle
que je vais subir.

J'ai passé quelques années de mon enfance en
compagnie de plusieurs camarades, confiés, ainsi
que moi, aux soins d'un de mes parents, dans une
petite bourgade de la Vendée. Le digne et excellent
homme avait bien voulu se charger de nous ini-
tier aux études sérieuses qui nous attendaient.

Là, en famille, pendant les repas et les récréa-
tions, nous devenions de vrais collégiens aux heures
bien fixées du travail.

Un jour, pendant une classe du soir, retentissent
tout à coup, dans la rue habituellement silencieuse
comme celle d'un village, des rumeurs inaccoutu-
mées : nous distinguions les cris des enfants du voisinage, le tapage de leurs sabots sur le pavé. Que se
passait-il? Quel événement pouvait mettre ainsi en
émoi le petit bourg de F.....? Nous aurions bien
voulu le savoir, et, le nez en l'air, cherchions à le
deviner au milieu des acclamations qui venaient jusqu'à nous, quand notre professeur, au désespoir de
ne pouvoir ramener notre attention sur les gram-
maires et les *épitome*, prit le parti d'aller aux informations.

Un instant après il rentrait, nous disant :

— Mes enfants, je vous promets pour ce soir une

bonne récréation si les devoirs sont bien faits et les leçons bien apprises, sinon rien.

Chacun savait qu'il eût tenu parole : aussi la classe obtint un *satisfecit* général et l'assurance que nous irions le soir voir danser un ours et grimacer un singe dont le maître était logé à l'auberge voisine.

S'il est facile de deviner avec quelle impatience fut attendu le moment désiré, il le serait beaucoup moins de dire toutes les histoires saugrenues que nous échangeâmes à ce propos ; si bien que l'heure venue, à notre curiosité se mêlait un peu de crainte, que nous n'aurions cependant pas avouée, mais que n'avait pu faire disparaître tout ce que le maître avait dit.

Comme nous étions au mois de novembre, la re-présentation devait avoir lieu dans une vaste grange, où à notre arrivée nous trouvâmes tout disposé.

Les spectateurs placés, voici le coup d'œil qu'elle offrait.

A gauche en entrant, debout dans une crèche en pierre, ou cramponnés aux barreaux du râtelier, huit ou dix gamins ; devant, pour les faire rester tranquille, mon oncle, sa canne haute ; en face, le dos au mur, le maire de la commune, son adjoint, et à côté d'eux le garde champêtre, représentant avec sa plaque et son briquet l'ordre et la force publique ; enfin, ap-puyés à la porte qui s'est refermée sur ce public pri-vilégié, le curé de la paroisse et son sacristain ; au milieu offrant des chaises aux autorités civiles et religieuses, le propriétaire du lieu ; sa politesse est repoussée, les siéges sont refusés.

Deux lanternes d'écurie, suspendues à une poutre, jettent sur la scène autant de fumée que de lumière, et permettent à peine de voir au fond un mauvais rideau en serge autrefois verte, qui nous sépare des acteurs ; un d'eux a soulevé un coin et jette un regard sur la salle ; à ce propos les avis se partagent : les uns reconnaissent la tête de l'ours, d'autres celle de son maître, quelques-uns celle d'un singe ; bref, il faut pour ramener l'accord, que l'aubergiste déclare que c'est l'extrémité d'un vieux collier de cheval.

Pour en finir, au-dessus de l'ensemble flottent comme des banderoles d'immenses toiles d'araignées, et courent de gros rats à la mine inquiète ; ils sautent, crient, n'ayant pas l'air de comprendre ce qui se passe, et depuis la découverte du collier, attirent, faute de mieux, l'attention générale.

Mais le rideau s'agite, il va se lever... Non, il dégringole avec la tringle qui le supportait... Profonde émotion !... Nous voyons sous les plis des mouvements brusques qui le soulèvent, le secouent ; plus de doute il enveloppe, et empêtre une créature vivante : est-ce l'ours ? est-ce le conducteur ? L'anxiété est grande, mais personne ne bouge.

Ah ! si, si, j'oubliais ; l'aubergiste qui voit que son décor ne pourra résister à de pareilles secousses, fait deux ou trois pas en criant :

— Sacrédié! eh! vous autres, faites donc attention! doucement, vous allez le déchirer.

Malheur! il a parlé trop tard, ou, pour mieux dire, l'autre a secoué trop fort.

Au beau milieu de l'étoffe la créature en question s'est fait un passage; on ne voit encore que le haut de son corps, mais il est si bizarrement affublé et le jour si douteux, que chacun de se demander encore : est-ce l'ours? Est-ce son maître?

Décidément c'est ce dernier, car il appelle au secours l'aubergiste pour qu'il l'aide à se débarrasser.

Mais celui-ci n'entend plus raison; à la vue de la large solution de continuité pratiquée dans le rideau, il a oublié le maire, le curé même, l'assemblée entière, et, jurant comme un païen, déclare qu'il faudra qu'on lui paye le dégât, ou sinon...

Je ne sais trop ce qui serait arrivé sans l'intervention des spectateurs; le brave homme était furieux, et ne s'apaisa que sur la promesse formelle à lui faite que le dommage serait réparé aux frais de l'assemblée.

Enfin le calme est rétabli, la toile est jetée dans un coin, nous pouvons distinguer le personnel de la troupe.

D'abord, un jeune drôle à l'air éveillé, portant sur chaque épaule un singe avec qui il échange des grimaces, pendant qu'il prélude avec un sifflet et un mauvais tambour aux *tu, tu, bom, bom* obligés.

L'ours que tiraille par la chaîne son conducteur,

bâille, se lève et se décide à se produire; il paraît
regretter le tas de paille sur lequel il dormait, et ne
pas vouloir laisser prendre à son maître l'habitude
de donner des représentations à la lumière.

Cependant le voilà debout, coiffé d'un chapeau et
sommé de saluer l'honorable compagnie; là, sa mauvaise humeur se manifeste : non-seulement il ne veut
pas se découvrir, mais il fait entendre des grognements que nous ne pouvons, avec la meilleure volonté
du monde, prendre pour un salut respectueux; sa
désobéissance lui attire de bons coups de bâton, il
n'en tient pas compte, et chacun de se demander
comment on s'y prendra pour faire danser un aussi
maussade animal qui regimbe sans cesse.

Quand tout à coup ces mots tombèrent comme la
foudre sur l'honorable compagnie :

— Sauvez-vous, Messieurs, l'ours est démuselé!

Je vous l'atteste, je ne crois pas que la main mystérieuse qui écrivait sur la muraille le *Mané, Thécel,
Pharès* portât parmi les convives de Balthasar pareil
émoi à celui que jeta sur les assistants cette parole :

— L'ours est démuselé!!!

Aujourd'hui une pauvre bête comme celle-là, pelée,
éclopée, demi-morte de fatigue et de faim, me cau-
serait plus de pitié que de peur, c'est que j'en ai vu
bien d'autres; avantage que n'avaient sans doute pas
le maire, le curé et le garde champêtre de F..... et
surtout le sacristain, qui, la tête perdue, s'efforçait
de pousser la porte du dedans en dehors, tandis

qu'elle s'ouvrait du dehors en dedans. Pendant la confusion qui s'ensuivit, mon oncle nous avait jeté ces mots :

— Montez dans le grenier, mes enfants, montez vite, vous sauterez par la fenêtre sur le fumier.

Il n'avait pas fini qu'une demi-douzaine de nous, passant par la lucarne qui servait à jeter le fourrage dans le râtelier, était à l'abri, et nous ne restions que deux dans la position la plus bizarre qui se puisse imaginer.

Un autre et moi, laissés à l'arrière-garde, malgré nous bien entendu, nous étions ensemble engagés dans l'étroite ouverture, et pris par le milieu du corps, faisant à la fois des efforts pour en sortir, ne pouvions plus ni avancer ni reculer.

A cet instant suprême, deux ou trois coups de poing sur la tête, autant de coups de pieds dans le... dessous, le tout amicalement échangés, redoublèrent tellement notre énergie, ou diminuèrent notre volume, que nous nous trouvâmes à la fois dans le grenier, juste au moment où il nous semblait voir l'ours debout s'apprêtant à nous happer.

Bien des fois depuis, la nuit, oppressé par un mauvais rêve, je me suis trouvé dans la même position, voyant au-dessous de moi les mâchoires béantes de l'ours, ses yeux vifs menaçants et dans l'impossibilité de lui échapper ; maintenant, s'il m'était permis de dormir, je suis certain que j'éprouverais le stupide cauchemar, et cependant je suis convaincu que le dénoûment du spectacle, tel que je vous l'ai raconté, était un coup monté entre le premier sujet et l'impressario, qui, après avoir empoché la recette, s'était amusé à abréger la représentation.

Mais que faire à cela? Ces impressions de l'enfance se gravent si profondément que je me rappelle mieux les détails futiles de notre panique que les péripéties émouvantes et presque dramatiques de cette journée dont je reprends le récit.

J'étais longtemps resté tranquille, la soirée approchait, je n'avais rien vu; pour me distraire et élargir mon horizon, je monte de branche en branche jusqu'au sommet de l'arbre; de là mes regards plongeaient parmi les blocs de rochers entassés vis-à-vis, de l'autre côté de la cagnade.

Mes armes étaient restées plus bas et je n'avais à la main qu'une excellente longue-vue de poche, qui me permettait d'interroger toutes les anfractuosités; je n'y avais pas découvert ce que je cherchais; quand par hasard avant de descendre, je regarde au fond du ravin, et là, à vingt pas du tronc de l'arbre et à quarante ou cinquante pieds au-dessous de moi, que vois-je? l'objet de mon attente, un ours énorme accroupi, la tête tournée de mon côté et tranquillement occupé à se gratter.

Voyez bien ma position, je suis à la cime du chêne, pour descendre où sont mes armes, il me faut au moins deux minutes; à la bête, pour arriver au même point si l'envie lui en prend, trente secondes suffiront.

Combien je maudis mon imprévoyance! Maintenant la moindre secousse imprimée aux branches, le plus léger bruit peuvent exciter la défiance ou la curiosité de l'animal; dans le premier cas, il se dérobe par la fuite, le second se réalisant peut nous mettre en présence, et je ne suis pas en mesure de sortir avec avantage du tête à tête.

Je ne pouvais hésiter et me résignai bien vite à garder une complète immobilité, me contentant d'admirer les monstrueuses proportions de mon ennemi, qui ne cessait de se gratter, rouler sur le terrain sablonneux, et surtout de mordre la plante d'une de ses pattes de derrière pour en arracher probablement une épine, puis il se levait sur ses quatre pattes; je m'apprêtai à descendre pour le rejoindre, mais il se contentait de se secouer, de tendre le cou et de renifler en soufflant avec bruit, et recommençait encore à se mordre, à se gratter; alors il lui arrivait de prendre de si singulières postures que plus d'une fois je fus malgré mon dépit obligé de rire.

Qu'aurait-il dit, lui? s'il avait pu voir la mienne, surtout lorsque mon regard tombait sur mes armes et que cette pensée me venait, que jamais probablement pareille occasion ne se présenterait.

Après l'avoir enfin examiné bien à mon aise, je commençais à trouver ma position ennuyeuse; lorsqu'à ma grande satisfaction il se leva, tourna deux ou trois fois sur lui-même comme pour s'orienter, huma l'air autour de lui, et fila dans la direction que j'avais prise en me rendant : trois minutes après, descendu à la place qu'il avait foulée, je pus le voir escalader lentement la pente boisée, et se diriger en ligne droite, vers le point où devait m'attendre Pacheco.

C'était décidément pour ce jour une affaire manquée, s'il ne m'arrivait pas de le trouver arrêté en suivant sa trace.

Cependant, une autre pensée me vint : je savais le péon placé sur son parcours habituel, s'ils venaient à se rencontrer, peut-être l'ours ferait-il un retour ; afin de me ménager cette chance sur laquelle je fondais peu d'espoir, je me décide à prendre position à l'entrée de la cagnade, parmi les rochers qui l'encaissent d'un côté et j'attends, bien vexé et gardant cependant avec un secret pressentiment, l'espoir que tout n'est pas fini.

Où je suis je domine le fond de la gorge et les buissons sur le bord opposé ; s'il revient en suivant le même chemin, je ne le manquerai pas ; mais derrière moi, je suis dominé par un terrain escarpé que surmonte une longue arrête unie comme le faîte d'un mur ; s'il vient de ce côté je serai mal placé pour l'attaque, que m'importe après tout !

Encore une leçon qui me dit qu'à la chasse on devrait toujours être sur ses gardes. Ne l'avez-vous pas éprouvé comme moi ? Pendant que vous allumiez une pipe, un cigare, causiez avec un ami, ou encore, découragé par d'inutiles recherches, quand vous portiez nonchalament le fusil à volonté ; que de fois vous est-il arrivé de voir débouler un lièvre et de lui envoyer, avec un gros mot, un inoffensif salut? Alors on se dépite, on s'en prend au guignon, à la fatalité, cette éternelle réserve du chasseur qui ne fait pas ses frais, et au lieu de se dire : quelle sottise, on se dit : quel malheur !

Eh bien ! si vous êtes passé par toutes ces petites misères à propos d'un lapin, d'un lièvre, d'un beau coq-faisan même, jugez de mon dépit, moi, qui viens d'avoir pendant près de dix minutes à mes pieds une des plus belles pièces de gibier qu'il soit donné à un homme d'abattre, et dans des conditions qui ne se représenteront jamais, je le crains ; en effet, de la place où j'aurais dû me trouver, je lui aurais certainement mis ma première balle dans la tête.

Mais d'où venait-il? pour m'être ainsi apparu comme une taupe qui a quitté son trou ; il est difficile de me l'expliquer, et je m'arrête à cette idée, qu'il était près de mon arbre, dans un massif dont le couvert m'a dissimulé son approche pendant que j'explorais, avec ma longue-vue, les rochers vis-à-vis.

Ce temps d'arrêt me repose un peu de mes émotions ; car il faut que je vous l'avoue, mon cœur a, deux ou trois fois, battu plus vite qu'à l'ordinaire. J'en fais d'autant plus volontiers l'aveu, que nous nous connaissons déjà assez pour que vous accordiez pleine confiance à ces paroles : ce n'était que de dé-

9.

pit et d'espérance ; mais maintenant, là, sur ma pierre nue, me voilà aussi impassible que s'il ne s'agissait que d'un daim ou d'un cerf; pour un peu plus, même, je prendrais un moment de repos, mais merci, c'est assez d'une sottise, ouvrons l'œil.

—Hein ! qu'est-ce que c'est ? Il me semble avoir entendu la corne de Pacheco....

— Et oui, tonnerre ! Oui, c'est lui, et qui souffle à pleins poumons encore.

Me voilà, mon fusil dans une main, ma carabine dans l'autre, sautant, courant comme un fou.... Mais où vais-je ?

Pacheco a vu l'ours, c'est positif, peut-être a-t-il même été attaqué ? Oh ! malheur, ce serait pourtant ma faute....

Et je suis arrêté presque tremblant pour le pauvre diable, quand de nouveau, des sons prolongés et qui se rapprochent, je crois, se font encore entendre; où je suis, je ne vois rien à trois pas.

— A ma roche, vite ! vite !

J'y arrive, en bien moins de temps que j'en ai mis à la quitter, l'escalade!.... jette bas mon mauvais chapeau de paille, arme mes quatre coups.... ouvre mon couteau, le pose à côté, et attends, écoute, Pacheco corne toujours.

L'ours arrive, c'est certain.

J'ai couru vite, mais je suis calme; c'est qu'il n'y a plus de doute, l'affaire va s'engager.

Le péon tire de sa corne des sons à rappeler ceux

du cor de Roland, dans les gorges de Ronceveaux, il approche, je n'en doute plus, il rabat la bête sur moi.

Où va-t-elle passer ?

Je veille partout, qu'importe !... la voilà !

L'ours sortait, en ce moment, du fourré, gravissant les rochers au-dessus de mon poste, à cent pas à peu près, tout-à-fait sur la crête qui me dominait ; son allure était lente, de temps à autre il s'arrêtait, tournait la tête, sans doute pour écouter le charivari que lui donnait Pacheco.

Sur la crête qu'il longe, son énorme silhouette se détache en relief et tranche vivement sur le bleu du ciel ; d'où je suis, on dirait en vérité qu'il danse sur la corde ; sa fourrure est si longue, si touffue, que je ne distingue presque pas le jour entre ses pattes.

Lorsqu'il sera par mon travers je lui enverrai en pleine côte la balle du canon gauche de mon fusil, à soixante pas environ, et cela en manière d'avertissement.

Attends, gredin !...

Là, j'ai épaulé lentement, je le suis au bout de mon canon et pressé la détente si doucement que le coup nous surprend autant l'un que l'autre.

Bravo ! j'ai touché, il a poussé un cri de douleur et s'est arrêté en cherchant d'où lui vient la dragée.

Par ici donc, par ici, arrives ! et debout, j'agite mon chapeau, qui a bien vite fixé son attention.

Remarquez que je ne peux pas aller au-devant de lui, la pente de la crevasse qui nous sépare est rapide, il serait capable de dégringoler sur ma tête. Quelle avalanche !

Mais il m'a vu ! il vient ! Je lui loge encore dans le corps les balles mariées de mon fusil, et j'ai en main ma vaillante carabine fortement chargée. Je ne lui ai pas fait grand mal, il arrive lestement.

Il vient directement sur moi au grand trot, se-couant sa tête, il paraît furieux, à sept ou huit pas seulement il enlève sa masse, se dresse debout, étendant ses bras qui ont l'air de servir de balancier à son corps.

Son heure est venue !... Je l'attendais là !... Pen-dant qu'il fait claquer ses formidables mâchoires, j'ai rapidement mis en joue et lui envoie ma balle conique dans la poitrine.

A travers la fumée du coup, tout en faisant un pas en arrière, je le vois chanceler et s'abattre lourde-ment sur le flanc droit en poussant un cri étouffé.

On tomberait à moins. Comme il me dominait par sa hauteur, j'avais tiré de bas en haut, et le projec-tile, après avoir traversé le sternum avait frappé, en les brisant au point de contact, les deux premières vertèbres cervicales.

Quel résultat ! Mais quelle charge ! J'en avais la joue contusionnée.

Enfin enfin ! voyez-moi, maintenant, auprès de l'énorm cadavre, dont les chairs frémissent encore, tout ce qui me passa par la cervelle pendant une demi-minute je voudrais vous le dire, et ne peux que vous souhaiter de l'éprouver.

Pour un peu j'aurais embrassé ma carabine, et pendant un instant il n'y eut sur la terre que l'ours, elle et moi.

Mais tout passe, surtout l'enthousiasme, et je fus arraché à l'exaltation de ma joie par Pacheco, qui arrivait en se traînant.

— *Buen Dios!* criait-il à la vue de la victime, *carai!* *senor*, je vous avais bien dit que vous le tueriez ; vous me devez cinq piastres. Avez-vous vu mon cheval?

— Oui ! oui ! il y est, Pacheco ; les cinq piastres les voilà, mais votre cheval, qu'est-il devenu? Que vous est-il arrivé?

— Ah! senor, j'étais où vous m'avez laissé, j'avais dormi et fumé pour vous attendre, et j'allais encore dormir et fumer, quand l'ours est venu dans le bois, mon cheval a fait un saut de côté, la branche de l'arbre m'a jeté à la renverse, je ne m'y attendais pas, je n'ai eu que le temps de me mettre à corner pour faire sauver la bête, qui me regardait d'un mauvais œil, et sans doute je vous l'ai renvoyée.

— Certainement, je vous en remercie et vous promets deux bonnes bouteilles d'aguardiente. Mais votre cheval?

— Que voulez-vous? il aura rejoint la *cabellada.*

Sans doute ; mais l'ours, il faut donc le laisser sans en prendre seulement un quartier?

Oui, senor, nous reviendrons trois ou quatre ce soir ou demain matin.

Il fallut me résigner à le quitter sur place. Cependant, aidé du péon, je désarticulai aux genoux les pattes de devant, chacun de nous en prit une et nous nous mîmes en route pour le *rancho*.

J'y arrivai seul ; Pacheco m'ayant déclaré, au sortir de la sierra, ne plus pouvoir marcher, je l'avais laissé au pied d'un arbre : deux de ses camarades, sur les ordres du maître, partirent de suite pour aller le chercher et rapporter en même temps du gibier ce qu'ils pourraient.

Je ne les revis que le lendemain ; et, après avoir examiné ce qu'ils nous remirent de ma chasse, environ la moitié de la bête, le ranchero m'assura que c'était un ours de près de neuf cents livres.

Que m'en est-il resté ?

Un ongle long de cinq pouces, et le souvenir !

VIII

UN COMPAGNON DE HASARD.

———

22 Octobre 1850.

CARTE DU JOUR.

. . . .
. . . .

EXTRA.

Côtelettes de tigre en papillote.

Nota. — La superbe fourrure de l'animal sera visible pour les consommateurs de cinq à huit heures du soir.

— Oh! oh! m'écriai-je, à la vue du tableau sur lequel je venais de lire la susdite annonce, accrochée

à la porte du café restaurant de Paris situé dans Pacific-
Street, à San-Francisco, Nouvelle-Californie.

— Oh ! oh ! c'est trop fort.... et l'effrontée réclame
me tenait le nez en l'air à la même place, au milieu
de la rue, me répétant : Jamais il n'y eut de tigres
dans ce pays et, alors qu'il s'en trouverait, quel singulier moyen pour achalander l'établissement, que
d'offrir une semblable pâture ; or, comme le maître
de la gargotte qui avait arboré cette célèbre enseigne:
Café Restaurant de Paris, était un Bordelais de ma
connaissance, allons voir me dis-je, ce que signifie
la plaisanterie.

A peine étais-je entré, que l'inventeur du puff s'a-
vançait vers moi, en me disant :

— Parbleu ! mon cher compatriote, je parie que
vous venez en retenir une pour ce soir, hein ! n'est-ce
pas !

— Retenir.... quoi ?

— Mais une de nos côtelettes de tigre, sans doute !
Sur ma foi, vous faites bien, car vraiment nous n'en
aurons pas pour tout le monde.

Un bruyant éclat de rire ayant presque malgré moi,
remplacé la réponse négative que je voulais faire :

— Ah ! parbleu, — reprit-il, toujours avec son sérieux imperturbable, est-ce que vous douteriez, par
hasard ?

— Moi, douter? Non certainement, loin de douter,
j'ai au contraire la conviction que vous avez affiché
une impudente bla.... — par respect pour moi, plutôt

que pour le lieu où je me trouvais, je retins le reste
du mot, me contentant d'ajouter :

— Après tout, je ne peux qu'en féliciter vos consommateurs, car je vous défie, quoi que vous ayez
trouvé, de leur servir quelque chose d'aussi détestable
que la chair de la bête en question.

— Ainsi, vous refusez de croire...

— Aux côtelettes de tigre en papillotes?.... certainement.

— Et si je vous les montre....

— Quoi, les papillotes?

— Non, non, mauvais plaisant, les côtes de tigre
encore revêtues de la peau?...

— Ah! pour cela, je vous en défie.

— Sur ma parole, c'est trop fort... vous allez voir...

Et, prononçant ces derniers mots, mon homme, me
tournant le dos, entrait dans son laboratoire culinaire
d'où il revenait bientôt, rapportant un magnifique
chat sauvage qu'il tenait par la queue; en même temps,
sa figure exprimait une telle satisfaction, qu'il ne me
vint pas à l'esprit d'entamer avec lui la question d'histoire naturelle, pensant au contraire qu'il n'était pas
possible d'attendre moins d'un enfant des bords de la
Garonne transporté sur les rives du Sacramento, et je
me bornai à lui demander qui lui avait fourni l'animal.

— Je ne le connais pas du tout, me dit-il; mais
j'y pense maintenant, ce doit être votre homme.....

— Mon homme, vous dites?

— Certainement, ne m'avez-vous pas prié, ces jours-

ci, de vous mettre en rapport avec un individu voulant, ainsi que vous désirez le faire, chasser dans la contrée?

— C'est vrai.

— Eh bien, mon tueur de tigre m'adressait ce matin la même demande et vous pourrez peut-être vous
entendre.

— J'en serais enchanté; comment le nommez-vous,
où demeure-t-il, quel homme est-ce?

— Ma fois vous m'en demandez beaucoup plus que
j'en sais; car, d'après ce qu'il m'a dit en déjeunant
ici aujourd'hui, il arrive de l'Arkansas et ne m'a pas
donné son nom; quant aux autres renseignements
que vous désirez sur son compte, je vous dirai seulement ceci: c'est un grand estaffier de près de six
pieds de hauteur, ayant un rifle aussi grand que lui
et un cheval presque aussi haut et aussi sec que son
rifle; après tout, il a assez bonne mine et je le crois
Français comme vous et moi.

— Très-bien; mais où pourrais-je le trouver?

— Je n'en sais rien; en me quittant, il m'a dit qu'il
allait visiter la ville et ne se mettrait en route pour
la Mission de Dolorès que ce soir vers huit heures;
le plus sûr pour vous serait, je le crois, d'aller l'attendre sur le chemin qui conduit à la Mission...
qu'en pensez-vous?

— Je pense que, partout ailleurs qu'en Californie,
le procédé serait peut-être un peu cavalier; mais si,
d'après le signalement que vous m'avez donné je ne

le reconnais pas en flânant pendant une heure vers
la place, je suivrai votre conseil et serai ce soir, en
faction sur la route de la Mission dès sept heures,
afin de pas le manquer: dans le cas où il reviendrait
d'ici là, n'oubliez pas de lui dire que je me trouverai
sur son passage.

— C'est cela, très bien; mais puisque vous ne par-
tirez qu'après dîner, je compte sur vous.

— Pour manger du tigre?....

— Sans doute.

— Merci; seulement, si vos consommateurs s'y ha-
bituent, je vous assure que, le cas échéant, je n'oublierai ni eux ni vous, et que je pourrai vous en fournir.

— Accepté.

Un instant après, un cigare à la bouche, les mains
dans mes poches, je faisais les cent pas sur les trottoirs en planches de Mongomery-Street, vis-à-vis des
maisons de jeux de El-Dorado, Louisiana et autres;
rendez-vous habituels de tous les flâneurs.

J'avais, depuis quatre ou cinq jours entièrement
terminé les affaires qui m'avaient depuis un mois et
demi retenu à la ville, et j'aspirais vivement au moment où je pourrais la quitter pour aller, moi aussi,
faire encore la guerre aux cerfs, aux élans, aux daims,
aux chevreuils, aux ours dont quelques heureux chasseurs fournissaient amplement les marchés de San-
Francisco: seulement, je ne voulais pas me lancer seul
dans une contrée inconnue: mais, en dépit de mes
démarches, je n'avais pas encore réussi à mettre la

main sur un camarade; quelques-uns, trouvant leur
société assez nombreuse, ne voulaient pas de moi ;
quant à beaucoup d'autres, je ne voulais pas d'eux :
aussi, en désespoir de cause, avais-je irrévocable-
ment fixé cette journée du 22 octobre pour mon départ, et voilà qu'au dernier moment une heureuse
chance me jetait enfin à la tête d'un compagnon d'a-
venture.

Restait, il est vrai, ce point douteux auquel j'atta-
chais, on le comprend, une certaine importance, savoir qui pouvait être celui à qui j'allais offrir de fondre pendant quelque temps nos destinées.

A ce sujet, me passaient bien par la tête certaines
idées qui n'étaient pas couleur de rose, pendant que
mes regards errants cherchaient à découvrir autour
de moi le grand estaffier, avec son grand rifle et son
grand cheval, et ne voyaient que cette population
aux allures équivoques, à la vie mystérieuse, soutien
des tripots auprès desquels je me promenais.

Déjà plusieurs cavaliers avaient passé devant moi;
mais les uns étaient des rancheros, et leurs magnifiques montures ne ressemblaient en rien au cheval
efflanqué de celui que j'attendais; d'autres m'offraient
les types si curieux des *mestizzos*, ces demi-sauvages
employés en qualité de péons dans les ranchos du
pays. Les uns et les autres traversaient presque toujours la place, au grand galop de leurs chevaux, et je
supposai avec raison que celui qui arrivait, épuisé par
son voyage de l'Arkansas, devait avoir moins de sou-

plesse et de rapidité. Bref, après avoir vainement attendu, je me décidai, vers les trois heures du soir, à
rentrer chez moi pour y faire les derniers préparatifs de voyage; mon parti était pris.

Que ne puis-je ici, cher lecteur, vous introduire
avec moi dans cette petite chambre d'une modeste
maison de bois, où bien loin des parents, des amis
laissés à l'autre bout du monde, j'avais au moins
trouvé un gîte abrité! Comment faire comprendre les
sentiments si divers qui assaillent celui qui va se jeter, comme j'allais le faire, dans l'inconnu, et dire
les pensées qui peuvent éblouir la tête, c'est vrai,
mais qui étreignent parfois douloureusement le cœur?
Je ne l'essaierai pas; tout cela se sent, se grave dans
la mémoire, mais ne saurait se décrire.

J'étais prêt, mes longues guêtres bouclées à ma
ceinture, ma couverture de laine roulée était suspen-
due derrière mon dos, j'avais sur une épaule, en
bandoulière, mon fusil de chasse, et sous le bras une
courte carabine à doubles canons; cependant je ne
sortais pas... C'est que je tenais encore à la main une
petite cassette contenant des lettres, quelques mè-
ches de cheveux, objets chéris qu'à certains moments
de l'existence, on voudrait pouvoir enfermer au plus
profond de sa poitrine avec le souvenir des êtres
bien-aimés qu'ils vous rappellent.

Enfin après les avoir couverts une dernière fois de
baisers et remis entre des mains amies et sûres, je
me trouvais dans la rue, à la nuit tombante pour

attaquer une campagne cygénétique qui dura plus
de six mois et me fit parcourir le vaste espace compris entre l'océan Pacifique et les cimes neigeuses
de la sierra Névada d'un côté, et s'étendant de l'autre des frontières du Mexique à l'Orégon.

Le vif désir que j'avais de quitter la ville au plus
tôt ne m'empêcha pas de retourner au Café de Paris;
mais je n'y restai que le temps nécessaire pour apprendre que les côtelettes de tigre obtenaient peu
de vogue et, ce qui m'intéressait beaucoup plus,
que mon homme, ainsi que le nommait le chef de
l'établissement, était revenu, avait accepté avec
empressement l'offre qui lui avait été faite de ma part,
et se trouverait à coup sûr, entre sept et huit heures,
sur la route conduisant à la Mission de Dolorès.

La distance entre la ville naissante et la vieille
bourgade de Dolorès est à peu près de trois milles,
il n'était encore que six heures du soir, j'avais, on le
voit, le temps nécessaire pour prendre les devants,
aussi, ce ne fut qu'après avoir laissé derrière moi les
dernières maisons de Montgomery-Street que je hâtai le pas.

Aujourd'hui, une longue et large chaussée en madriers de sapin recouvre tout le sol et forme un
plancher continu; mais à l'époque dont je parle, il
n'existait qu'un sentier étroit, tortueux, serpentant
parmi les fourrés de chênes verts et, à chaque instant, on enfonçait jusqu'à mi-jambe dans un sable
profond et mouvant.

Bientôt, en dépit de l'air vif de la campagne qui dilatait ma poitrine et ajoutait à l'élasticité de mes jarrets, je compris qu'il me fallait ralentir la marche, si je ne voulais par m'exposer à faire une halte trop longue, afin d'attendre mon cavalier : seulement je ne tardai guère à éprouver ce qui atteint tout individu dans la position où je me trouvais. A mesure que je diminuais l'activité physique, je laissais augmenter celle de l'esprit, et les idées les plus bizarres bouleversèrent ma tête déjà grisée par la conscience de la liberté dont le corps pouvait jouir.

Vous me comprendrez bien, n'est-ce pas, vous tous chasseurs, mes confrères, vous tous à qui il arrive si souvent, le matin d'un beau jour d'automne, de respirer à pleins poumons l'air vivifiant de la plaine, et de sentir se décupler votre énergie vitale? et vous qui avez le feu sacré me croirez sans peine, quand je vous dirai que le retard que je m'imposais m'agaçait les nerfs à ce point de me mettre en colère.

Bientôt, néanmoins, cette exaltation presque fébrile se calma, et la raison, reprenant son empire, me fit entendre que puisque je tenais tant à courir les aventures, la rencontre qui allait avoir lieu, dès mon début, pouvait m'en préparer une assez originale pour mériter quelques instants de patience.

Quand je me décidai à attendre, la nuit était complétement venue et quoique la lune, à son premier quartier, fût haute, je me trouvais presque dans une complète obscurité, car de gros nuages ardoisés, poussés par le vent de Nord-Ouest, couraient au ciel, et les rayons de l'astre ne m'arrivaient, à travers leurs franges, qu'à de longs intervalles; d'ailleurs, leur faible éclat ne pouvait percer les épais massifs qui m'entouraient et bornaient ma vue à quelques pas.

De toute manière, l'isolement était complet, aucun bruit aux alentours, quelques insectes nocturnes, seuls, faisaient entendre le murmure monotone de leurs élytres, en volant parmi les rameaux des chênes, et de bien loin m'arrivait, avec la brise, le grondement sourd de l'Océan.

Le lieu, l'heure, portaient aux réflexions; je ne pouvais manquer d'en faire; cependant une devait les dominer toutes c'était celle-ci :

Quel étrange pays! me disais-je, que celui, où deux hommes ne s'étant jamais vu, l'un parti de France, l'autre de l'Arkansas, se donnent rendez-vous sans se connaître, pour rester ensemble combien de temps? Dieu le sait... Aller où? Tous deux peut-être l'ignorent... Il était certain que pour moi je n'en savais rien, m'en inquiétais peu, décidé que j'étais à me laisser conduire.

Mais parfois des doutes me venaient et je pensais que l'autre manquerait au rendez-vous, ma ferme résolution répondait : tu partiras seul.

Il ne devait pas en être ainsi.

Au milieu du calme qui régnait, il me semble en-

tendre un bruit étouffé par la couche sablonneuse
couvrant le terrain ; je prête l'oreille , plus de
doute, on approche ; ignorant encore qui c'était, je
me mets sous un chêne rabougri, en dehors du sentier, ne voulant me montrer qu'à bon escient ; j'y
étais à peine qu'apparaissaient à deux pas et à la fois
cheval et cavalier, le second eût peut-être passé outre, mais averti par un brusque mouvement de sa
monture :

— Eh ! camarade, cria-t-il, est-ce vous qui êtes
là ?

L'incertitude n'étant plus permise, une enjambée
me porta à la tête du cheval arrêté, pendant qu'on
ajoutait :

— Y a-t-il longtemps que vous faites le pied de
grue ?

— Je ne sais trop, répondis-je, dix minutes peut-
être.

— Très-bien. Je suis heureux de ne pas vous avoir
fait trop attendre ; si vous le voulez, en route maintenant, car nous avons encore douze à quinze milles
à faire pour arriver à Rock-House, où nous finirons
la nuit chez un Mexicain... Cela vous va-t-il ?

— Certainement, monsieur, et...

— Très-bien ; avant tout, permettez-moi une observation ; lorsque dans ce satané pays, on se trouve
réunis, comme nous le sommes, il est souvent bon
de paraître liés comme les doigts de la main, soyons,
monsieur, entre nous, si vous voulez, quoique j'en

10

aie perdu l'habitude, mais pour les autres, appelez-moi William, et je vous nommerai?

— Henry.

— Assez; c'est tout ce qu'il faut ici; dès lors, monsieur Henry, en attendant mieux, passez devant, ou, si vous le préférez, restez derrière et filons, tout en causant; vous venez, m'a-t-on dit, de rester assez longtemps à la ville?

— Six semaines à peu près.

— Je vous plains, j'y suis resté six jours et j'en ai assez : maintenant que comptez-vous faire? de quel côté voulez-vous aller?

— Ma foi, toute direction me sera à peu près égale, pourvu que je puisse chasser, en visitant la contrée.

— C'est bien, dès lors j'ai votre affaire, nous ne séjournerons à Rock-House que le temps nécessaire pour y prendre certains renseignements, puis nous gagnerons des parages que j'ai traversés; vos idées, du reste, s'accordent parfaitement avec les miennes, car je suis chasseur aussi.

— On me l'a dit au Café de Paris où, du reste, j'ai pu en voir la preuve.

— Ah! oui, cette vilaine bête que le Bordelais s'est avisé de servir à ses pratiques.

— Précisément, un fort beau chat sauvage.

Au moment où nous échangions ces dernières paroles, nous nous trouvions dans la principale rue de la Mission de Dolorès, à quelques pas de son

église et devant une maison un peu plus grande que
les autres, dont elle ne se distinguait pourtant que
par le développement de sa façade, puisqu'elle était,
ainsi que les voisines, construites en *adobes*, — bri-
ques en terres séchées au soleil. — Lorsque mon
compagnon l'eut bien reconnue, il suspendit la marche de son cheval, après l'avoir conduit presqu'à
toucher la porte, puis, dégageant le pied droit de
l'étrier, il lui en adressa un coup si violent que la
façade entière en trembla, et en attendant une réponse qui ne pouvait tarder :

— Nous allons, me dit-il, prendre ici du cœur et
des jambes sous forme d'un verre de ginn, qu'en
pensez-vous?

— Bien volontiers, lui dis-je.

Je tenais fort peu au cordial, mais je désirais vivement voir à l'aise les traits, la physionomie de
mon compagnon; en effet, dans la nuit, je n'avais
pu distinguer, encore avec peine, que les longues
lignes de la silhouette du groupe formé par le cavalier, son arme et son cheval.

Cependant la porte ne s'ouvrait pas, et un second
appel, peut-être même plus énergique que le premier, ne nous procura d'autre résultat que ces mots
prononcés en anglais d'une voix chevrotante :

— Allez-vous en, gueux! Master Bill n'est pas ici,
je n'ai rien pour vous, allez-vous en...

— La peste soit de la vieille mégère, nous perdons notre temps; si son fils est absent, elle ne re-

çoit personne, me dit mon compagnon, et nous re-
prîmes notre chemin, tous deux un peu désap-
pointés.

A peine avions-nous dépassé le village, que le
pays changea brusquement d'aspect : les bois avaient
disparu avec les sables ; un terrain ferme, découvert, coupé de hautes collines, s'ouvrit devant
nous ; la voie étant large, je me plaçai près de
l'épaule du cheval et j'engageai avec son maître
la conversation destinée à tromper la longueur du
parcours.

Le sujet favori fut, on le pense, la chasse. M. William, vieux routier de l'Amérique du Nord, me ra-
conta une foule d'histoires plus ou moins extraordinaires dont le résultat fut, après tout, d'augmenter,
s'il était possible, mon vif désir de ramasser de semblables impressions dans la campagne qui s'ouvrait
pour moi ; enfin, grâce à ses souvenirs, à mes rêves
d'espérance, la moitié de la nuit s'écoula rapidement
et je ne ressentais même nulle fatigue, lorsque mon
compagnon me dit :

— Appuyez sur la droite, nous voilà chez Petro,
à Rock-House.

J'allais donc enfin voir M. William qui, de son
côté, sous l'empire de la même pensée, ajouta :

— Est-ce que vous ne trouvez pas qu'il est temps
que nous finissions par nous regarder et nous res-
taurer un peu, si le cœur vous en dit ? Rien ne rend
l'estomac exigeant comme une marche de nuit ; pen-

dant que je vais ôter la selle de mon cheval, frappez
à la porte pour éveiller l'hôte.

Devant la demeure du Mexicain Petro existait une
petite cour formée de murs en terre élevés seulement à hauteur d'appui. Je sautai par-dessus, car il
n'y avait pas de porte, et me rendis à celle qui allait,
sans nul doute, nous livrer passage; je la heurte
deux ou trois fois avec le poing fermé; peine inutile.
Il me semble-bien entendre chuchoter à l'intérieur;
mais personne ne vient ouvrir. Je frappe alors plus
énergiquement à l'aide de la crosse de ma carabine.

Pour toute réponse; m'arrivent des clameurs en-
trecoupées au milieu desquelles je distingue des ju-
rons anglais, espagnols, une voix française murmure
même le saint nom de Dieu, mais d'un ton à me convaincre que mon compatriote ne faisait certainement
pas sa prière, et la porte restait close.

Commençant enfin à penser que nous pourrions fort
bien finir la nuit à la belle étoile, j'en avais déjà pris
mon parti, et tout en sifflotant entre les dents l'air :
Au clair de la lune..... j'allais rejoindre mon compagnon, lorsque je le vis enjamber le mur de la
cour.

— Ma foi, lui dis-je, je crois que ce sera ici comme à la Mission de Dolorès, on n'ouvrira pas.

— Ah! pour le coup, ce serait trop fort... Attendez que je parle à Petro...

Le silence s'était rétabli à l'intérieur; mais aux
premières paroles que prononça M. William, en es-

10.

pagnol, des cris confus s'élevèrent encore et pour
moi je ne pus distinguer que ces mots :

— Il n'y a pas de place.

Puis des menaces, des exclamations brutales peu
rassurantes sur l'issue de l'affaire, si la communication venait à s'établir entre le dedans et le dehors.
Cette éventualité me paraissant beaucoup plus à redouter que la certitude de finir la nuit en plein air,
je n'hésitai plus et déclarai à mon compagnon que
je me lavais les mains des suites que pouvaient avoir
l'affaire et que j'allais m'installer dans un coin de la
cour; mais ma résignation ne parut pas le gagner,
car il me répondit assez brusquement :

— Ah ! ma foi, si vous quittez aussi vite la partie,
je vous jure qu'ici vous n'aurez pas souvent raison.

Puis se parlant à lui-même, il ajouta :

— C'était bien la peine de laisser ma bonne cabane de l'Arkansas pour venir coucher sur la terre,
comme un chien, dans un pays civilisé ; je mettrai
plutôt le feu à la case...

Pour le coup, en dépit de cette menace dont la
réalisation m'aurait, sans nul doute, moi aussi, beaucoup compromis, je trouvais si plaisante l'idée d'appeler la Californie un pays civilisé, que je partis
d'un bruyant éclat de rire; il ne calma pas tout-à-fait
l'exaspération de M. William, mais il opéra une diversion fort à propos.

— Eh bien ! qu'avez-vous à rire? me dit-il, tout
en fouillant dans ses poches, peut-être pour y cher-

cher des allumettes et réaliser son projet d'incendier
a cabane du senor Petro. Je n'avais pas de temps à
perdre, et, au lieu de lui répondre de suite, je continuai à donner des preuves d'une hilarité un peu
forcée, jusqu'à ce qu'il fût venu près dé moi.

— Ah! ah! Je ris, lui dis-je alors, de votre plaisanterie ; comment, vous trouvez que la Californie
est un pays civilisé! Ah! ah! avouez que l'idée est
bouffonne. Mais dites-moi donc un peu alors ce que
c'est que l'Arkansas?

Tout en parlant, j'avais sorti promptement de mon
carnier quelques galettes de biscuit de bord, un morceau de saucisson et une gourde de vieux rhum. Mon
insouciance fut-elle communicative, gagna-t-elle
mon compagnon, ou son flair de demi-sauvage vint-il
lui révéler qu'en partageant mes provisions il em-
ploierait son temps d'une manière plus agréable qu'à
mettre le feu à la maison? Je n'en sais rien, toujours
est-il que sa voix s'était radoucie quand il me dit :

— Sur ma foi, je crois que vous avez été pré-
voyant ; vous avez apporté votre souper, n'est-ce-
pas?...

— Mieux que cela; le vôtre et le mien, si vous
voulez l'accepter.

— Comment, si j'accepte? mais de grand cœur.
Tenez, il ne fallait pas moins que cette certitude que
je ne me coucherais pas l'estomac vide, pour m'en-
pêcher de faire griller les canailles qui nous laissent
sans pitié à la porte.

Cinq minutes après, j'avais étalé sur le petit mur de la cour tous mes comestibles, auxquels nous faisions honneur à qui mieux mieux, pendant que je me disais mentalement : qu'aurait donc fait ce diable d'homme sans ma précaution ? Enfin l'affaire paraissait devoir bien se passer ; mais ce qui disparaissait surtout avec une rapidité incroyable, c'étaient mes provisions ; déjà il ne restait plus de traces d'une demi-livre de saucisson, mes galettes de biscuit de bord, en dépit de leur dureté, avaient disparu, les dents de M. Villiam les broyaient comme les mâchoires d'un étau ; quant au rhum, il avait pris les devants, mon invité me l'ayant demandé afin de juger à son bouquet la qualité que je disais supérieure, il m'avait rendu le flacon parfaitement vide ; nous n'avions donc plus qu'à dormir ; pour cela, les préparatifs ne furent pas longs ; chacun de nous prit possession d'un angle des murs de la cour et j'étais à peine étendu sur le sol, ramenant autour de moi les plis de ma couverture de laine, que les ronflements sonores de mon compagnon me remettaient en mémoire, avec une légère variante, ce couplet d'une des plus délicieuses chansons de Béranger :

> D'un palais l'éclat vous frappe,
> Mais l'ennui vient y gémir.
> On peut bien manger sans nappe,
> Sur la *terre* on peut dormir.

IX

LES LOUPS

DE LA SIERRA DE SAN-BRUNO.

Lorsque, depuis de longues années, on a rompu avec les hasards de la vie errante du voyageur, quand on s'est habitué tous les soirs à entendre les paroles amies de ceux dont le lendemain, au réveil, on serrait la main avec bonheur, les premiers moments dans la carrière qui s'ouvrait devant moi, pèsent bien plus au moral qu'au physique : si le sommeil ne venait pas, ce n'était point que la terre fût trop dure ou que la fraîcheur de la nuit perçât ma couverture, le corps était bien ; mais la tête demeurait furieusement agitée par les souvenirs du passé, les espérances de l'avenir et, un peu aussi, par les récits extraordinaires que M. Villiam m'avait faits pendant la route.

Fermai-je les yeux, les loups, les ours, les jaguars dansaient devant moi de grotesques farandoles, j'en voyais plus qu'en nourrirent jamais les deux Amériques ; si je voulais briser la chaîne à coup de fusil, je n'entendais que l'explosion de la capsule ou la charge faisait long feu ; bref, je subissais, les unes après les autres, toutes les petites misères qui, même durant leurs rêves, poursuivent les chasseurs. — Cependant ainsi que dans les apparitions nuageuses, se dissipent les objets entrevus, ces images, produites par l'imagination surexcitée, devenaient de plus en plus vagues.

Un incident bien inattendu vint changer, en partie du moins, l'illusion pour la réalité. Je ne rêvais plus, un calme sommeil commençait à détendre mon esprit et mon corps, quand il me semble sentir sur mon visage une chaude haleine, en même temps que sur un de mes bras pèse un poids qui le gêne. Une de ces sensations eût grandement suffi pour m'arracher à l'état de somnolence qui me gagnait ; réunies, elles me rappelèrent si instantanément à la vie, que debout, les yeux écarquillés, il me fut facile de distinguer parfaitement malgré les ténèbres, un animal qui fit un bond dans sa fuite et, prenant pour point d'appui le corps de M. Villiam, sauta par-dessus le mur en terre et disparut sans que j'aie eu le temps de reconnaître la nature de l'importun visiteur, lorsque mon compagnon, éveillé en sursaut, me cria :

— Eh bien ! mille tonnerres, êtes-vous fou ? et ses

bras, gesticulant comme ceux du défunt télégraphe,
cherchaient sans doute à saisir ou repousser la cause
de son dérangement; mais à peine lui eus-je dit quelques mots, qu'il reposait de nouveau sa tête sur la
selle lui servant d'oreiller et recommençait à ron-
fler. Il me fut impossible de lui arracher d'autres
paroles que celles-ci :

— Ah ! c'est un loup, sans doute... les vilaines
bêtes... Oh ! il n'en manque pas ici... pourvu qu'ils
ne mangent pas mon pauvre...

La fin de la phrase se perdit dans un bruit auquel
il m'avait accoutumé; il ronflait déjà comme une
toupie ; la pensée inquiétante qu'il avait commencé
à m'exprimer et qui se rapportait sans doute à son
cheval ne suffisant pas pour le tenir en éveil.

Cette burlesque plaisanterie d'un loup venant sans
façon flairer deux chasseurs, qui, après tout, furent
peut-être moins attrapés que lui, m'avait tellement
rejeté dans l'actualité, que je passai le reste de la
nuit presque sans dormir, tout-à-fait absorbé par la
prévision plus ou moins justifiable des événements
qui devaient incidenter mes courses.

Cependant, tout prend fin, même les nuits sans
sommeil, quoiqu'elles soient souvent bien longues :
le vent du matin commençait à se faire sentir, son
souffle chassait, en reployant dans l'Ouest, le voile
de nuages qui obscurcissait les étoiles, elles resplen-
dissaient éclatantes au-dessus de ma tête, comme les
dernières flammes d'un feu d'artifice et, à l'Orient,

se levait une longue bande, dont la teinte claire séparant le ciel de la terre, accusait la ligne de l'horizon.

J'étais debout sur le petit mur, mon fusil à la main,
avec l'espoir de distinguer dans la rase campagne
qui s'étendait aux environs quelques maraudeurs du
genre de celui qui nous avait rendu visite pendant la
nuit; à plusieurs reprises, j'avais entendu de loin-
tains hurlements, ils me faisaient battre le cœur, au
moment où mon compagnon s'éveillait, en même
temps que s'ouvrait la porte de la Fonda mexicaine;
mais avant de vous y introduire, permettez-moi de
vous présenter M. Villiam.

Ainsi que vous le savez déjà, il a six pieds de haut,
le système osseux est chez lui largement développé;
il est facile de s'en convaincre, car les muscles sont
absents; il n'entre dans la constitution apparente de
cet homme, que la peau, les os et les tendons qui relient la charpente; je crois, en vérité, qu'à chacun
de ses mouvements, j'entends craquer la machine :
de plus, il est porteur d'une figure qui me plaît peu,
elle a quelque chose de faux; d'abord il louche af-
freusement, puis ce qui donne à sa physionomie une
étrange expression, c'est l'excessif avancement de la
mâchoire inférieure, dont les dents en saillie sont à
peine dissimulées par la lèvre supérieure, en dépit
de sa barbe épaisse et passablement inculte; il en
résulte un faux air de bull-dog rien moins que gracieux.

Je crois réellement que si j'avais vu mon compagnon la veille à la ville, je serais parti seul; après
tout, les apparences sont souvent trompeuses, peut-
être reviendrai-je sur cette première impression; en
attendant, nous allons entrer tous deux chez le Mexicain Petro; mais à peine suis-je sur le seuil que je
m'arrête.

Figurez-vous une chambre d'une quarantaine de
pieds carrés à peu près, sans autre ouverture que la
porte, pour tout mobilier une longue table, deux
bancs et, dessus, dessous, à côté une vingtaine d'individus presque tous encore étendus et que l'on distingue à peine; il y a là des Allemands, des Espagnols, des Chinois, des Anglais, des Kannacks des
îles Sandwich, des Américains, des Français; enfin
des blancs, des nègres, des cuivrés, grouillant, parlant chacun leur langue, et cela dans une atmosphère
épaisse, imprégnée d'odeur de vin, de tabac et d'eau-
de-vie; je n'ai pas le courage d'aller plus loin au
moment où Petro, qui a facilement reconnu M. William, s'avance vers lui en le saluant : *Buenos dias,
senor James*, lui dit-il, et pendant qu'ils échangent
quelques paroles qui ne viennent pas jusqu'à moi,
je m'étonne de ce nouveau nom donné à M. William;
je n'ai cependant pas le temps de faire à ce sujet de
longues réflexions, car ce dernier ressort bientôt, tenant à la main une bouteille de vin, et quelques *tortillas*, en me disant :

— Quelle tanière! on étouffe là-dedans... tenez,

11

mon cher, vous m'avez offert à souper hier soir, à mon tour je vous invite à déjeuner, puis nous irons chercher mon cheval, si vous le voulez; pendant ce temps, ceux qui sont là partiront et, au retour, nous trouverons prêt un repas plus substantiel.

J'acceptai sans façons, me gardant bien de laisser paraître l'étonnement que je venais d'éprouver; en effet, en pareil cas, le plus sûr moyen d'arriver à pénétrer un secret, c'est de ne pas laisser supposer que l'on soupçonne son existence; enfin, me dis-je, le même individu peut fort bien se nommer William et James...

Dès que nous eûmes fini, après avoir porté chez le Mexicain nos armes et nos bagages confiés à sa garde, nous partîmes afin de battre les environs; lui, enveloppé dans les plis de son *sarape*, — *poncho* californien, — moi, ma couverture de laine sur les épaules, pour me protéger contre un épais brouillard qui se condensait, même fréquemment, en une petite pluie fine et serrée.

Ce temps ordinaire, le matin, sur tout le littoral de cette partie de l'Amérique du Nord, contrarie singulièrement nos recherches, puisque nous nous perdons de vue pour peu que nous nous écartions de quelques pas seulement; aussi marchons-nous l'un près de l'autre, faisant souvent halte pour écouter, sans entendre d'autre bruit que celui de la mer qui bat la falaise vers laquelle nous nous avançons.

Le sol est partout recouvert de courtes bruyères

desséchées par l'été, elles craquent sous nos pieds ; je ne crois pas que le pauvre animal que nous cherchons ait pu se diriger vers cet endroit où nous ne voyons pas une seule touffe d'herbe.

Mais son maître m'assura le contraire, en me disant que de l'autre côté de la route que nous avions suivie hier, on ne trouve que des rochers ; nous continuâmes donc.

Le brouillard, la pluie ont fait place à une brume tellement dense, qu'elle semble être un corps solide qui se fond à notre contact et s'ouvre pour nous recevoir ; l'air est tellement épais, que la respiration en est gênée et que le son de notre voix meurt de suite étouffé. Craignant que nous ne fussions rendus aux rochers escarpés qui dominent la mer, mon compagnon venait de me dire qu'il fallait cesser de marcher, lorsqu'à nous toucher, il me montre un animal dont les formes nous apparaissent confuses, il est vrai, mais que nous reconnaissons tous deux pour un loup de la plus forte taille. A peine avions-nous prononcé ces mots : c'est un loup, qu'un autre paraît, puis deux ; enfin nous nous retournons, nous étions littéralement entourés ; en une seconde j'en compte huit ; leurs corps ne sont pas visibles, mais nous distinguons parfaitement leurs larges têtes, leurs oreilles pointues, leurs cous tendus, ils semblent humer nos émanations. L'apparition est si fantastique, que ce serait à se frotter les yeux et à se demander si nous ne sommes pas les jouets d'une illusion ;

mais le moyen de conserver un doute, M. William vient de faire un brusque mouvement et tout a disparu, pour reparaître encore, peut-être même plus près de nous, aussitôt qu'il a repris son immobilité. Ni l'un ni l'autre n'éprouvons d'inquiétude; pour moi, je suis tout au dépit de ne pas avoir en main mon fusil ou ma carabine, pendant que M. William me dit en riant :

— Quand je vous disais que les loups n'étaient pas rares ici, vous le voyez ; cependant il ne faut pas nous laisser mordre les jambes, qu'en dites vous ? En avant ! chargeons l'ennemi...

En même temps, poussant un cri et agitant son sarape, il fonce sur eux; j'en fais autant, et jamais charge n'obtint pareil résultat; de l'ennemi, il ne reste rien; il s'est évaporé, mais pour nous rejoindre, quoique nous n'eussions fait en sens inverse que deux ou trois pas, M. William et moi nous fûmes obligés de nous guider en nous appelant. Les marins qui ont navigué dans les hautes latitudes, surtout dans les parages antarctiques, peuvent seuls se représenter la densité de la brume qui nous entourait; pour en donner une idée à mes lecteurs, je leur dirai que la figure de mon compagnon, placé à ma gauche, à me toucher, me paraissait comme si elle eût été recouverte d'un sombre voile.

Cinq minutes se passèrent pendant lesquelles nous cherchâmes en vain à entendre les pas du cheval, tout en parlant des loups.

— Oh ! me dit M. William, nous n'en sommes pas débarrassés, soyez-en sûr ; je gagerais qu'ils ne sont pas loin, et, tenez.....

Plusieurs de ces animaux étaient encore devant nous, toujours la tête de notre côté, et cette fois nous pouvions distinguer leurs yeux avidement fixés sur nous ; bientôt il n'en manqua pas un ; ils étaient huit, comme tout à l'heure, seulement ils me paraissaient presque vouloir à leur tour prendre l'offensive tant ils étaient proches et leurs mines insolentes, leur taille me semblait supérieure à celle de nos plus grands loups de France ; mais ils me parurent d'une maigreur extrême. Elle expliquait leur effronterie ; néanmoins, tout cela était pour moi un début si extraordinaire, qu'entièrement absorbé par le dépit de ne pas avoir mon fusil et la surprise, je n'imitai pas M. William qui avait recommencé la manœuvre que nous avions exécutée tout à l'heure avec ensemble ; il s'était porté en avant, avait disparu en poussant un hourrah formidable, puis j'entendis un cri qui me fit frissonner. A ce moment, je me souviens que j'ai accroché à ma ceinture mon bon couteau catalan dont la lame, de dix pouces de longueur sur trois de large, peut suffire à éventrer un loup ; je le saisis, l'ouvre et me précipite dans la direction d'où est parti le bruit ; je n'ai pas fait trois pas que la terre manque sous mes pieds, je tombe, roule, et vais m'arrêter dans les jambes de M. William qui jure comme un païen et me dit de suite :

— Relevez-vous, mille tonnerres! ces bêtes enra-
gées sont sur nous.

J'étais déjà debout sans avoir lâché mon couteau;
mais, pour le coup tout-à-fait en colère, si bien qu'à
peine eus-je vu distinctement la silhouette d'un loup
descendu dans le ravin où nous avions roulé, sans
prendre le temps de chercher ma couverture restée
en route, je m'élance sur lui; l'ai-je atteint? je n'en
sais rien, l'émotion m'ayant empêché de me rendre
un compte exact de l'affaire; ce qui est certain, c'est
que nous entendîmes un hurlement, peut-être déter-
miné seulement par la vivacité de mon attaque.

Dès que je ne vis plus rien, je rejoignis à tâtons
M. William, en lui criant :

— Le diable vous emporte! Comment, vous, qui
connaissez ce pays, êtes-vous le premier à me dire
que nous ne devons pas emporter nos fusils?

J'étais véritablement furieux, d'autant plus qu'en
dégringolant, je m'étais fortement écorché un genou;
mais ce moment de colère s'évanouit vite à la vue
de celui à qui il s'adressait, que je retrouvai tenant
à la main un os fraîchement dépouillé de sa chair:

— Oh! regardez donc, me dit-il au lieu de me répondre, n'est-ce pas un os de cheval?

Après avoir examiné ce qu'il me présentait:

— Oui, certainement, lui répondis-je, c'est le fé-
mur de la cuisse d'un cheval, et, pour préciser, celui de la cuisse gauche ; mais ce n'est pas une raison,
si votre malheureuse bête a laissé ses os ici, pour

que nous y laissions les nôtres , allons-nous en.....

Il ne m'écoutait plus, tout à sa douleur que me prouvaient de bruyants soupirs et des exclamations entre-coupées, pendant qu'il retournait en tous sens ce qu'il supposait un débris de son cheval ; puis il le rejeta violemment sur le sol en ajoutant :

— Qu'y faire, après tout ?...

Malgré cette apparente résignation, ces derniers mots furent prononcés avec un accent qui me toucha et me fit penser, qu'en dépit de sa laideur, mon compagnon pouvait fort bien avoir du cœur et que nous nous entendrions.

Cette petite scène avait duré peut-être cinq minutes, qui avaient suffi pour amener un changement sensible dans l'aspect du temps ; le vent de mer commençait à se faire sentir, roulant déjà la brume en ondes nébuleuses ; entre elles, des éclaircies nous permirent de distinguer l'espèce d'entonnoir où nous avions dégringolé, et, au-dessus de nous, un côteau élevé presqu'à pic, de plus de cent pieds, que nous nous mîmes à gravir, en faisant cette réflexion : qu'il était bien heureux que nous n'eussions pas pris ce chemin lors de nos chutes, car nous fussions arrivés inévitablement moulus. A plusieurs reprises, durant notre ascension, nous pûmes encore voir, devant ou derrière nous, les loups ; mais la clarté les avait rendus à leur naturel poltron : ils filaient rapidement, la queue entre les jambes, comme honteux de s'être laissé surprendre au grand jour, que le soleil,

glissant déjà parmi les lambeaux déchirés de la
brume, venait égayer. Enfin, en nous aidant souvent
des mains et des genoux, nous arrivâmes sur la hauteur, et là, je ne pus retenir une exclamation.

A soixante ou quatre-vingts mètres au-dessous de
nous, s'étendait à perte de vue, sur la droite, une
immense pièce d'eau entourée d'une large ceinture
de joncs hauts et épais; au milieu s'élevaient plusieurs petits îlots couverts de la même végétation.
Quoique les vapeurs du matin ne nous permissent
pas de bien voir l'ensemble, partout où mes regards
découvraient l'eau, elle était sillonnée par d'innombrables troupes d'oiseaux aquatiques.

— Nous voilà à la grande lagune, me dit M. William. Et il m'expliqua que, lors des hautes marées, les eaux de l'Océan, franchissant une étroite
langue de sable, communiquaient avec le vaste ré-
servoir, qui bientôt nous apparut entièrement à découvert.[1]

Je ne crois pas que jamais chasseur de sauvagine
ait joui d'un spectacle pareil. Dans bien des contrées
du monde j'avais pu, avant ce jour, voir de nombreuses bandes de palmipèdes; mais ce qui était là,
sous nos pieds, effaçait tous mes souvenirs.

---

[1] Si quelqu'un de mes lecteurs a, par hasard, visité la
Nouvelle-Californie, il pensera bien qu'il n'est pas question
ici d'une mare située sur la route du Presidio, à un mille
et demi de San-Francisco, à laquelle, malgré son peu d'é-
tendue, on donnait souvent le nom de grande lagune.

— Oh! mon Dieu! m'écriai-je, si j'avais une embarcation!

— Pourquoi faire? me dit M. William.

— Mais la chasse aux canards! car je parie que personne n'a encore exploité cette lagune.

— Vous pouvez en être certain, et, si vous le voulez, c'est par là que nous débuterons. Je puis, d'ici peu de jours, vous faire venir une bonne baleinière. Vous aimez cette chasse?

— Passionnément.

— C'est très-bien; vous tuerez le gibier, moi je me charge de le transporter à la ville; après tout, c'est peut-être une bonne spéculation. Une paire de canards sauvages vaut, à San-Francisco, une piastre et demie, — sept francs cinquante centimes. — Ah! mon pauvre cheval! si ces infâmes brigands ne me l'avaient pas mangé!

— Que voulez-vous, nous nous en procurerons un autre.... Mais voyez donc, voyez donc!...

Le ciel était complétement éclairci, le soleil brillait; de tous les points des joncs sortaient sans cesse des familles d'oies, de canards de toutes les espèces, des foulques, et parmi elles des cormorans et plusieurs troupes de cygnes. Tous nageaient en gagnant les eaux libres, pendant que du côté de la mer arrivaient également sans cesse de nouvelles bandes qui, après avoir un instant tourbillonné, plané et reconnu leurs congénères, s'abattaient, en criant, parmi eux. Que l'on se figure ce spectacle sur un es-

11.

pace d'environ deux lieues de circuit ; que l'on pense surtout que la plupart de ces oiseaux, chassés par le vent du Nord des hautes latitudes, n'avaient jamais entendu l'explosion d'une arme à feu, et on pourra se faire une idée des résultats que je devais espérer.

Je serais resté longtemps à la place où nous nous trouvions, si mon compagnon ne m'avait averti que l'heure était venue de rallier le déjeuner du senor Petro ; chemin faisant, nous convînmes qu'il parti- rait pour la ville ce jour même, afin de se procurer l'embarcation ; il devait, en même temps, m'appor- ter ma longue et lourde canardière laissée chez un ami, et surtout force munitions de guerre ; le quar- tier-général étant chez le Mexicain, nous n'avions pas à nous occuper des vivres.

Nous arrivions à la cour de notre hôtellerie, moi remplissant déjà, par la pensée, la baleinière avec mes victimes, M. William additionnant les piastres qui devaient en résulter, lorsque nous trouvons à nous attendre son cheval, revenu tranquillement tout seul au point où son maître lui avait donné la liberté. Je crois que, si je n'avais pas craint de trou- bler les marques touchantes d'amitié qu'ils échan- gèrent, j'eusse reproché à M. William de s'être moqué de moi, en prétendant que les loups pouvaient avoir mangé le pauvre animal ; le désarticuler, le ronger, passe encore ; mais trouver sur la malheureuse bête quelque chose à manger, j'eusse défié tous les loups de la sierra d'y parvenir.

Nos premières paroles, dès que nous fûmes entrés chez Petro, furent pour lui demander s'il voulait nous prendre comme pensionnaires, et nous lui racontâmes nos projets. Il les approuva entièrement; quant à nous nourrir, il nous avertit que lui-même faisait souvent maigre chère; cependant, moyennant trois piastres par jour, il consentit à faire notre cuisine, c'est-à-dire à fournir le feu; de plus, nous pourrions serrer chez lui tout ce qui nous viendrait de la ville, et y trouverions un abri le jour et la nuit. Le marché fut promptement conclu; ce n'était, en définitive, que deux paires de canards chaque jour, la grande lagune y pourvoirait. Tout en déjeunant je reçus de notre hôte des renseignements qui avaient pour moi un grand intérêt.

La chasse aux environs de Rock-House ne pouvait rien procurer, à moins de vouloir, comme nous le projetions, chasser la sauvagine : quant aux loups, ils étaient excessivement nombreux et venaient, durant la nuit, de la sierra de San-Bruno, qui commençait à six milles de là; outre ces vilaines bêtes, on y trouvait en quantité, m'assura le senor Petro, des daims, des cerfs et des ours; ces parages n'ayant pas encore été parcourus par les pourvoyeurs de San-Francisco, fixés de l'autre côté de la baie, dans les montagnes connues sous le nom de *Coat's-Mountains.*

Ces bonnes nouvelles nous décidèrent tout-à-fait à attaquer le plus tôt possible la grande lagune, pour pouvoir ensuite arriver les premiers dans la sierra, et je promis à mon compagnon d'employer en reconnaissance de ce côté la durée de son absence qu'il m'assurait ne pas devoir dépasser trois jours. Je partirai, sans faute, la nuit suivante.

M. William venait de s'éloigner, juché sur son squelette ambulant, il suivait le chemin de la ville; pour moi, je me hâte de rentrer chez Petro où je prends mon fusil et vais revoir la lagune, quand l'hôte me présente la note de notre dépense et en réclame le paiement. Le tout se monte à cinq piastres et comprend non-seulement ma part, mais celle de mon compagnon. Je paie les vingt-cinq francs, en pensant à ce que celui-ci m'avait dit le matin :

— Vous m'avez invité hier soir à partager votre souper, je vous offre maintenant à déjeuner.

Enfin, j'ai dans la tête tant d'idées riantes que je veux bien croire à un oubli, tout en faisant mes réserves, et me voilà en campagne, mon bon fusil sous le bras. Cette fois j'ai beau regarder à droite, à gauche, devant, derrière, les loups n'y sont plus; ils seraient pourtant les bienvenus maintenant, mais ils ne perdent rien pour attendre.

J'arrivai par un ravin creux, entre des terres rougeâtres, éboulées, minées sans doute par les eaux pluviales, à la lagune dont une bordure de joncs me masquait l'étendue. J'allais gagner un point plus élevé quand, à une quinzaine de pas, sur le bord de l'eau, sort des hautes herbes un magnifique canard sauvage suivi de cinq femelles; tous ensemble gravissent une petite motte de terre sans s'inquiéter de ma présence, et commencent à lisser leur plumage ; ma foi ! l'occasion est trop belle pour la laisser échapper; je lâche mon premier coup de fusil sur la lagune, il me procure le canard mâle et trois femelles qui restent sur la place; les autres démontés, je le pense, rentrent en nageant dans les joncs; mais l'explosion n'a pas effrayé ce qui se trouve aux environs, car je n'ai rien vu voler, aussi je me dépêche de gagner une hauteur où je m'arrête en extase, malgré tout ce que j'avais vu le matin.

A l'aide d'une excellente longue-vue dont je me suis muni, je peux voir en détail la surface de la lagune et, ce que j'y découvre de tous côtés est réellement incroyable, c'est à se dire que tous les palmipèdes de l'Amérique du Nord se sont réunis en ce lieu : je distingue à merveille des eiders, des siffleurs, des spatules, des pilets, des millouins, variétés que je connais depuis longtemps ; mais, en outre, une foule d'autres espèces qui me sont inconnues, et de toutes, il y a là des milliers d'individus qui vont, viennent, nagent, barbotent, s'ébattant aussi tranquilles, sans plus de défiance que leurs premiers parents sur les lacs du Paradis terrestre, impossible de se faire une idée d'un semblable spectacle, si l'on n'a pas eu réellement le bonheur d'en jouir.

Voilà le plan de campagne que je me propose de suivre : aussitôt l'embarcation arrivée, je la couvre, la garnis entièrement de joncs, puis à la nuit, j'irai la mouiller sur une des îles au milieu de la lagune ; là, j'attendrai le jour, toutes mes armes fortement chargées, et si le diable n'intervient pas, je dois faire un fameux abattis. Sur ce, je retourne à la case du senor Petro, tout en plumant une de mes victimes, blanche, grasse à plaisir et que je juge devoir être une cane de l'année.

Le supplément que j'apportais à l'office du Mexicain me valut un cordial accueil ; je lui livrai le tout, dont il réussit à faire la plus abominable ratatouille qui se puisse imaginer, si bien, que je dînai avec une rôtie au vin, en lui promettant désormais de faire moi-même ma cuisine, ce qui le fit beaucoup rire ; je suis encore persuadé qu'il se trouva enchanté de ma décision, c'était pour lui de la peine de moins.

A deux heures du matin, je secouais les puces qui m'avaient tourmenté à m'empêcher de dormir et je sortais sans bruit. Je regagnai la route que M. William et moi avions suivie ; mais, au lieu de retourner sur mes pas, je pris la direction du Pueblo de los Angeles, pour me jeter plus tard sur ma droite, une fois rendu par le travers des forêts de la sierra de San-Bruno.

Le chemin était passablement frayé et descendait en pente douce dans la plaine ; sur les quatre heures le jour paraissant, je vis poindre les sombres massifs de sapins couronnant les sommets de la montagne, c'était le but de ma course ; je m'engageai de suite

dans une ravissante campagne semée çà et là d'épais
bouquets de chênes, de lauriers, de frênes ; nulle apparence de culture, mais des tiges pressées d'avoine
folle, de vastes espaces couverts de moutarde sauvage, attestaient la fécondité du sol, parmi, de belles
fleurs de malvacées tranchaient sur la teinte blonde
des autres herbes mûries par le soleil.

Les premiers oiseaux qui frappent mes regards sont
des pies, leur vol ondule comme celui des nôtres ;
leur grosseur, leur plumage est le même, elles ne dif-
fèrent que par leur bec et leurs pattes jaunes comme
l'or. J'avançais doucement, mon fusil armé sous le
bras, explorant tous les endroits découverts, tout à
coup j'entrevois, à travers un buisson, à cent mètres
au moins, un animal occupé à paître. Je pénètre sous
les lianes entrelacées et demeure désenchanté en re-
connaissant un magnifique bœuf ; j'allais passer outre,
mais voilà qu'à sa droite et à sa gauche se montrent
en même temps deux animaux de taille plus petite,
ils semblent l'escorter ; je dépose bien vite mon fusil
et prends ma longue-vue, je l'ajuste, l'abaisse, essuie
les verres avec un coin du foulard qui me sert de cravate, je regarde encore ; elle ne m'a pas trompé ; elle
me fait voir, comme s'ils étaient à vingt pas, un gros
cochon et un grand loup au pelage gris clair, le premier à huit ou dix pieds du bœuf, sur sa gauche ; le
second, un peu plus loin, mais à sa droite, et tous
trois ayant l'air de cheminer de compagnie. Si le ru-
minant s'arrête, le porc l'imite et fouille la terre pres-

que entre ses jambes, pendant que le loup se rase et
cherche à passer du même côté que lui, soit en re-
culant avec lenteur, soit en prenant les devants ; mais
dans le premier cas, le cochon gagne vers la tête du
bœuf, et, dans le second, celui-ci baisse l'encolure,
agite ses formidables cornes et fonce sur le loup,
sans doute pour lui dire : passe au large.

J'ai déjà vu exécuter cette manœuvre à trois reprises différentes et je ne peux plus conserver de doute,
le compagnon de saint Luc est là le protecteur de celui de saint Antoine, que le loup convoite pour son
déjeuner : la ligne oblique qu'ils suivent va conduire
les acteurs de cette curieuse scène très-près de moi.
Je serre ma lunette, m'accroupis dans le fourré, et
en attendant le moment favorable d'intervenir, je
passe les canons de mon fusil parmi les branches.

Ainsi placé, je ne perds pas un des mouvements
du loup et du cochon et ne sais réellement auquel
je décernerai le prix d'intelligence, car l'instinct seul
ne peut les inspirer.

Figurez-vous le loup, ayant inutilement essayé de
tromper celui dont il voudrait si bien faire sa proie,
tantôt en passant devant le bœuf, tantôt derrière, et,
faute de réussir, feignant d'y renoncer, se couchant
tranquillement en rond tel qu'un chien, comme s'il
devinait que la courbe décrite par les deux autres
animaux va le placer où il veut être, du même côté
que le porc ; tandis que ce dernier, tout aussi perspi-
cace, gagne un peu devant le bœuf et se trouve tou-

jours abrité par lui dès que l'ennemi se met en marche en se traînant sur le ventre. Deux fois le loup a
recours à l'attaque directe, et après avoir esquivé les
cornes dirigées vers lui, se trouve à la place qu'occu-
pait le cochon; mais celui-ci, passant sous le ventre
du bœuf, s'est encore mis lestement à l'abri; cependant, dans ce genre d'évolution, tout son avantage
provient de ce que lui peut se tenir à toucher son
bouclier, tandis que le loup est contraint de conserver
toujours une distance respectueuse, tout en déployant
une grande agilité, car je lui ai vu faire des bonds sur-
prenants.

Enfin, ce curieux spectacle avait tellement absorbé
mon attention, que la scène n'était guère plus qu'à
trente pas de moi dont aucun d'entre eux ne soup-
çonnait la présence. Je compris que le moment était
venu de jouer mon rôle, d'autant plus promptement
que je commençais à être lassé par ma position in-
commode.

Il me fallait pourtant prendre certaines précautions pour ne toucher que le loup. Deux fois je le
mets en joue, visant son épaule droite, puisqu'il se
présentait de trois quarts, et deux fois je vois derrière
lui, au bout de mon fusil, ou le ventre du porc, ou
une jambe du bœuf. Je relève la tête, juste au moment où le loup vient de s'arrêter, assis sur son derrière, laissant les autres gagner un peu de l'avant;
c'est sa condamnation, mon coup est parti, la fumée,
lente à s'élever sous le feuillage épais qui m'abrite,

me cache le résultat; un cri de douleur me le révèle.
Quand je sortis de ma cachette, le bœuf s'éloignait
en sautant lourdement, le porc le suivait, grognait
et se retournait souvent, pour voir si le loup n'était
pas sur ses talons; mais il ne courait plus de risques,
le carnassier gisait les deux épaules fracassées par
ma balle.

X

LES MARMOTTES

ET LE SERPENT A SONNETTES.

C'est une singulière chose que de s'avouer combien les plaisirs après lesquels on court sont souvent insignifiants, quand on se trouve seul face à
face avec eux, en dehors des satisfactions de l'amour-
propre, de la vanité.

Ainsi, à peine étais-je resté cinq minutes auprès
de mon grand loup déjà mort, que je pensais au
bruit qui s'en serait suivi, si le fait avait eu lieu en
France, dans mon pays ; comme ici pourtant, je
n'aurais pu dire autre chose que : « J'ai tué un
loup... » Mais une foule de voix l'auraient répété,
et je me voyais marchant derrière les porteurs de
ma victime, recevant avec une modestie un peu affectée les compliments des curieux... Oh ! là, cer-

tainement, le triomphe eût été complet et eût sérieusement marqué dans ma vie de chasseur; tandis
que où j'étais, au pied de la sierra de San-Bruno,
dans un désert de l'Amérique du Nord, ma satisfaction survécut, ma foi, bien peu à la fumée de mon
coup de fusil; de plus, comme j'avais hâte de m'engager parmi les mystérieux fourrés de la montagne,
je laissai le loup aux vautours planant déjà au-dessus
de nous, et je repris ma course vers la sierra.

A chaque instant de nombreuses compagnies de
collins huppés s'envolaient tumultueusement, pour
aller se cacher parmi les rameaux touffus des lauriers et des chênes-verts, pendant qu'aux pieds des
buissons, des lapins, gravement assis sur leur derrière, me laissaient passer à les toucher et ne témoignaient leur surprise qu'en suspendant le jeu de leurs
petites pattes de devant, qui cessaient d'essuyer leur
nez mouillé par la rosée du matin. Plus loin, un
grand lièvre effrayé détalait en bondissant, et, arrêté
à quarante pas, sans chercher à me voir, inclinait
alternativement en tous sens ses longues oreilles,
pour demander au bruit qu'elles percevaient les
renseignements que sa mauvaise vue ne pouvait lui
fournir.

Un fait bizarre, que j'eus souvent plus tard occasion de constater, me frappa de suite : c'était la pe-
titesse des lapins et la grosseur des lièvres, les uns
et les autres, à cela près de la différence de taille,
absolument semblables à leurs congénères de France;

mais tandis que les plus gros lapins représentaient à peine un de nos lapereaux aux deux tiers de sa croissance, il n'était pas rare de tuer, comme cela m'est bien des fois arrivé, des lièvres du poids de douze à treize livres.

Au milieu de cette riche nature, à cette époque si peu étudiée, je dirai même si peu connue, je n'avançais que bien lentement, me détournant de la ligne que je devais suivre, soit pour considérer de près un geai babillard aux ailes d'azur, ou pour observer des pics qui, en poussant leurs cris aigus, volaient au-dessus d'un arbre mort et faisaient resplendir aux rayons du soleil les teintes éclatantes de leur plumage. Ces derniers oiseaux me parurent, en Californie, vivre en famille, contrairement aux habitudes de leurs pareils dans nos climats.

Ma course était devenue une capricieuse promenade dont un papillon, une fleur, un arbre inconnu faisaient souvent varier la direction; le soleil était donc déjà élevé au-dessus de l'horizon, lorsque j'atteignis les premières pentes boisées de la sierra, encore interrompues par des espaces couverts d'avoine et de moutarde sauvage.

Je touchais au but que je m'étais proposé, c'est-à-dire aux lieu où, d'après les renseignements fournis par le Mexicain Petro, se trouvaient à foison les daims, les cerfs et les ours; cependant la plaine était si riante, qu'avant de la perdre de vue, l'idée me vint de faire halte un moment, un peu pour prendre

quelques instants de repos, mais surtout pour con-
templer le magnifique paysage qui, du point où j'é-
tais parvenu, se déroulait à découvert jusqu'à l'horizon : là, au pied des montagnes de San-José, scin-
tillaient les flots de la baie de San-Francisco, à
l'endroit à peu près où se déversent les eaux de la
petite rivière du Pueblo de los Angeles.

Dix ans et des milliers de lieues me séparent de
cette matinée et du fortuné pays où je me trouvais ; bien des événements ont, depuis, incidenté
mon existence ; cependant, à l'aide de quelques notes
griffonnées à la hâte et que je relis aujourd'hui avec
émotion, le temps et la distance s'effacent : me voilà
encore au pied de la Sierra de San Bruno.

Sur la colline où j'arrive, la foudre, ou les siècles,
ont renversé un énorme chêne ; son tronc forme
comme une arche de pont, soutenue à une extrémité par des branches brisées, à l'autre par la masse
de terre qu'ont soulevé les racines. C'est sur le squelette végétal lui-même que je m'installe ; j'accroche
mon carnier à une branche, à une autre mon fusil,
au moyen de sa bretelle, je dépose enfin mon attirail de voyage ; puis, léger de corps et d'esprit, étendu
sur mon robuste sopha, je me laisse aller aux rêveries.

Souvenirs du passé, aspirations vers l'avenir, nais-
sent, se mêlent, s'évanouissent tour à tour, ainsi que
s'évaporent en l'air les spirales légères de la fumée
de mon cigare : malgré ses charmes, le présent

n'existe plus, quand un incident bien futile en apparence, mais dont les suites pouvaient être bien graves pour moi, le fait surgir tout à coup avec tous les
attraits de l'imprévu, et les dangers qu'il tient souvent
en réserve.

Pendant que j'étais demeuré tranquillement étendu
sur le chêne, j'avais remarqué à plusieurs reprises
de petits animaux d'une couleur gris foncé; ils sur-
gissaient de la terre, bouleversée par la chute de
l'arbre; si je restais immobile, ils trottaient un instant, montaient sur les racines et semblaient m'observer; mais au moindre mouvement de ma part, les
plus proches disparaissaient comme l'éclair, en poussant des cris aigus qui devaient avertir les plus éloignés et trahissaient leur effroi.

Leur apparence me les avait fait prendre pour de
gros rats; un examen aussi attentif que pouvait le
permettre la rapidité de leurs mouvements, me per-
suada bien vite que mes petits voisins n'appartenaient pas à cette classe de rongeurs, dont ils n'offraient surtout ni la queue, ni les oreilles; c'était,
en effet, ainsi que je pus m'en convaincre plus tard,
une des nombreuses variétés de marmottes que présente l'Amérique du Nord, et très-mal à propos qua-
lifiée du nom d'écureuils terrestres, par les personnes
étrangères à l'histoire naturelle de ces contrées.

J'avais à ma disposition un moyen trop sûr de satisfaire ma curiosité, pour ne pas penser à l'employer; je prends donc mon fusil, et, ne voulant pas

mutiler la victime qu'il allait faire, je m'éloigne et
me place parmi les branches de l'arbre, faisant face
aux racines sur lesquelles venaient se percher les petites bêtes.

Je n'attendis pas longtemps ; bientôt plusieurs se
mirent à sautiller parmi les herbes, où je les perdais
de suite de vue, tandis que l'une d'elles, sans doute
chargée du rôle de sentinelle, vint gravement se poser sur le tronc, à une douzaine de pas de moi tout
au plus, et, regardant de tous côtés, semblait se demander ce que j'étais devenu.

Une charge de chevrotine la fit disparaître au milieu des fragments d'écorce ; elle devait, à coup sûr,
avoir été foudroyée ; et je demeurai fort surpris de
ne voir à la place où elle était tombée, que des taches de sang qui allaient se perdre à l'entrée d'un
trou où elle avait encore eu la force de se réfugier.
Quoique, sans doute, mortellement blessée, elle était
donc perdue pour moi ; cependant, avant de me l'a-
vouer, l'idée malencontreuse me vint que ma petite
marmotte, à bout de force et de vie, pouvait très-
bien être restée à peu de distance de l'orifice de son
clapier ; et, pour m'en assurer, je fus promptement
chercher ma baguette de fusil afin de le sonder.

Ma première tentative n'amena aucun résultat ;
j'enfonçai ma baguette et même mon bras, — remarquez bien cette dernière circonstance, — sans
rencontrer aucun obstacle ; le conduit souterrain,
obliquant un peu à gauche, était parfaitement libre.

J'avais perdu ma poudre et mon temps ; j'aurais bien
dû me le dire, mais il était écrit que je recevrais une
de ces leçons prouvant qu'il ne faut pas toujours aller au fond des choses, ni des trous de marmottes.

J'étais debout, essuyant ma baguette avec une poignée d'herbe, quand je fis la réflexion que la galerie
que je venais d'explorer pouvait se bifurquer ; et,
bientôt, étendu à plat-ventre sur le sol, je distingue
parfaitement, en dedans de la première entrée, un
second trou qui me paraît, contrairement à l'autre,
tourner à droite...

J'y introduis ma sonde sans hésiter, et, cette fois
enfin, ma persévérance est récompensée. A peine ai-
je engagé les trois quarts de ma baguette, qu'elle
reçoit un choc assez violent qui se communique à
ma main, dans laquelle elle glisse ; je la repousse,
encore le même résultat. « Plus de doute, me dis-je,
ma petite bête est bien là. Morte ou vive, je vais l'a-
voir. » Pour cela, après avoir vissé à l'extrémité de
la baleine mon fort tire-bourre aux pointes bien acé-
rées, je fais quatre ou cinq tours qui doivent le faire
mordre assez profondément dans les chairs de l'animal et me permettre de l'arracher à son abri ; mais
quand je veux tirer peu à peu la baguette, une résistance extrême s'y oppose ; et, avant de continuer, je juge devoir saisir encore plus solidement ma
victime, et j'opère deux ou trois mouvements de tor-
sion : cette fois, c'est assez ; car, sous l'impression
de la vive douleur qu'elle ressent, ma marmotte s'a-

gite à me faire croire qu'elle doit avoir perdu tout
point d'appui, et que je dois l'amener facilement
à moi. J'essaie de tirer : toujours la même résistance; ma baguette, violemment secouée dans le
trou, ne cède pas d'un pouce à ma traction, ce qui
me prouve qu'elle est solidement prise au corps de
l'animal; enfin, l'impatience, l'excitation s'en mê-
lant, j'emploie presque toute ma force : peine inutile; rien ne cède, et si je cesse de tenir ma baguette
fortement, les mouvements que lui impriment les
convulsions de l'animal me font craindre de la voir
se rompre. Je n'y comprends plus rien, et je commence à envoyer la maudite marmotte au diable
et à souhaiter seulement de retirer ma baguette in-
tacte. Mais comment faire pour y arriver? Si, après
l'avoir fixée en tournant de gauche à droite, je tourne
en sens inverse pour la dégager, je cours la chance
de dévisser mon tire-bourre et de le perdre, ce qui
serait, dans les circonstances où je me trouve, une
perte irréparable, puisque je n'ai que celui-là. Encore une fois, marmotte maudite, qui peut donc
ainsi te retenir au fond de ce trou? Car, pour en finir,
j'ai employé mes deux mains très-énergiquement, et
toujours en vain.

La scène que je viens de raconter durait au moins
depuis dix minutes, lorsque je compris que jusque-
là je n'avais fait que des sottises, et qu'il était grand
temps d'aviser à quelque chose de mieux. Alors je
saisis sous mon pied la partie de la baleine hors de

terre, me relève, me croise les bras et me prends à réfléchir, sans trouver autre chose que cette fâcheuse alternative, laisser ma baguette et son tire-bourre, et faire le voyage de San-Francisco pour les remplacer, ou attendre que la bête soit morte. Personne, à ma place, ne se fût résigné, certainement, à de semblables extrémités.

Il me vint bien à l'idée de creuser, à l'aide de mon couteau catalan, de manière à élargir la galerie; mais, percée comme elle était, dans une argile mêlée de cailloux et durcie par la sécheresse, j'aurais dix fois usé sa lame, dont je pouvais, au surplus, avoir souvent besoin dans l'avenir.

« Allons, me dis-je tristement, essayons encore. » Et je m'agenouille sur le sol, appuie la main gauche sur la terre au-dessus du terrier, pendant que de l'autre je recommence à tirer et secouer avec force ma baguette de fusil. Tout à coup, il me semble qu'elle a cédé; je la reprends bien vite presque sous terre, quand, violemment repoussée au dehors, elle glisse entre mes doigts, vient s'arrêter sur ma hanche, et une tête plate, hideuse, aux yeux brillants, aux mâchoires rouges entr'ouvertes, arrive, rapide comme l'éclair, à deux ou trois pouces de mon poignet. Je n'ai que le temps de me renverser en arrière, de me relever : un énorme crotale, — serpent à sonnettes, — se débattait à mes pieds. Ma baguette, que ses convulsions faisaient ployer dans tous les sens, avait traversé ses chairs à huit ou dix pouces du cou, et disparaissait plus loin, profondément enfoncée dans son corps.

La vue des serpents ne me cause d'ordinaire aucune émotion ; à peine si leur présence inattendue détermine en moi un instant de surprise, qui s'évanouit bien vite et me laissse toute ma présence d'esprit ; cela, je l'ai éprouvé des centaines de fois, non-seulement en face des vipères de nos pays, mais dans une foule de rencontres avec les reptiles les plus venimeux de l'Inde, de la Malaisie, du Brésil ; il m'est même arrivé de jouer avec quelques-uns d'entre eux et de les prendre par la queue : cependant, en retraçant en détail, comme je le fais, les circonstances les plus minutieuses de cet épisode de mes courses, il me semble sentir encore, ainsi que je l'éprouvai, le sang se figer dans mes veines et me gonfler le cœur à l'empêcher de battre.

Voyez, en effet, à quel péril je venais d'échapper : que ma baguette, au lieu de faire arc-boutant en heurtant ma hanche, eût glissé à côté, les mâchoires du reptile arrivaient à mon bras, et, dans l'état d'irritation où l'avait mis la douleur, nul doute que la morsure eût inoculé dans mes chairs un poison promptement mortel ; en outre, à diverses reprises, j'avais engagé mon bras sous terre, presque à le toucher ; enfin, n'avais-je pas mis ma figure à sa portée, à l'entrée de son trou ?... Cette subite intuition de la mort affreuse à laquelle je m'étais si imprudemment exposé pendant un quart d'heure, détermina

en moi, quoique tout danger eût disparu, un véritable mouvement de frayeur que je n'avais jamais ressenti avant et que je n'ai jamais éprouvé depuis dans
de bien critiques situations.

J'eus donc peur, je l'avoue franchement; mais la
réaction s'opéra vite, et ce fut avec un vif sentiment
de colère que je froissai violemment le cou du crotale sous l'épaisse semelle de mes souliers; tout en
le tenant ainsi fortement comprimé contre terre,
j'arrachai ma baguette non sans peine, car le tire-
bourre était pris dans sa colonne vertébrale; enfin,
pour l'empêcher de s'entortiller autour de mes jambes, avec la longue et large lame de mon couteau,
je clouai en terre son abominable tête, et pendant
les convulsions de son agonie, j'avalai quelques gorgées de rhum et j'allumai ma pipe, tout en écoutant
le singulier bruit produit par le frôlement des cornets écailleux qui forment l'appendice caudal de
cette classe de reptiles et lui ont valu l'appellation
bien exagérée de serpent à sonnettes.

Une demi-heure s'était à peine écoulée que je cheminais parmi les fourrés de la montagne. Après avoir
avec soin rechargé mon fusil, mis en note sur mon
petit album ce qui m'était arrivé, j'avais repris ma
marche, sans m'occuper davantage des marmottes,
me promettant une autre fois de les tirer avec du
plomb qui garnirait mieux que des chevrotines, et
surtout de ne plus les tracasser dans leurs trous.

La partie de la Nouvelle-Californie où j'ai conduit

12.

mes lecteurs se trouve située sous le trente-septième degré de longitude nord, c'est assez dire qu'elle n'offre pas le luxe de végétation qui dans les régions inter-tropicales éblouit, fascine les étrangers.

Dans les forêts vierges du Brésil, dans les îles de l'archipel Malais, sur le continent asiatique, l'aspect extraordinaire des feuilles aux formes variées et bizarres, les couleurs éclatantes des fleurs qui jaillissent des mille réseaux formés par les lianes, en panaches enflammés, ou s'épanchent en nappes éblouissantes autour des orchidées épiphytes tapissant les vieux troncs, en un mot, la magnificence des décors m'avait souvent fait oublier le rôle que je devais jouer sur la scène; dans la sierra de San-Bruno ces distractions n'étaient pas à craindre, rien d'extraordinaire que les longues banderolles de mousse parasite, — *tillandsias,* — aux teintes grisâtres, qui descendent en étages des rameaux les plus élevés des vieux chênes jusqu'aux branches les plus basses, et de là, quand la brise les agite, semblent flotter sur la rugueuse écorce du tronc comme les flocons d'une barbe grise sur la poitrine d'un vieillard ; aussi, tout à la pensée qui m'avait conduit dans ces lieux, je cherchais à découvrir quels pouvaient être leurs habitants.

Les premiers indices qui frappèrent mes regards furent des fumées en chapelet jetées par quelques vieux cerfs dans un endroit où l'ombre avait maintenu un peu d'humidité et gardé le gazon verdoyant. Je

les examinais avec curiosité, leur fraîcheur me faisait penser qu'elles étaient de la nuit précédente ;
lorsque, à fort peu de distance, peut-être cent cinquante pas tout au plus, je vois un daim mâle et
deux femelles arrêtés en me regardant tranquillement. J'avais à peine eu le temps de les bien reconnaître, que le mâle fait un bond en avant, tombe, se
relève et s'abat pour toujours, pendant qu'une puissante détonnation d'arme à feu résonne au loin, ré-
pétée par les échos de la montagne, je m'élance en
courant vers la bête et j'arrive en même temps que
le chasseur qui venait de la tuer. A sa chemise de
laine, à la ceinture rouge qui ceignait son corps, j'a-
vais de suite espéré avoir rencontré un compatriote;
je ne m'étais pas trompé, quoique mon attention
partagée entre lui et le gibier ne m'eût pas permis
de le reconnaître, ce fut lui qui raviva bien vite mes
souvenirs, en me criant dès qu'il m'eut vu :

— Eh ! bonjour, monsieur Henry ! comment vous
voilà ici, d'où venez-vous? où allez-vous?

Il parlait encore que la mémoire m'était parfaitement revenue, ma bonne étoile venait de me
faire retrouver un des nombreux passsgers du navire
le J... L.. sur lequel nous avions passé ensemble
deux cent trente-sept jours, pour nous rendre du
Havre au moderne Eldorado.

— Mais vous-même,[1] mon cher Charles, m'en-

[1] A cette époque, en Californie, presque tous les Français,

pressai-je de lui dire ; comment, vous n'êtes pas aux placers ? que faites-vous ici ?

— Vous le voyez, je chasse ; mais vous le saviez : je parie que vous veniez nous trouver ; ah ! sur ma parole, vous serez le bienvenu.

Je l'eus promptement désabusé, en lui racontant mon association avec M. William ; mais à peine avais-je prononcé ce nom en lui dépeignant en peu de mots l'individu qui le portait, qu'il s'écria :

— Assez, assez, je le connais parfaitement, votre compagnon, il a passé deux jours avec nous sous notre ramatte (cabane en feuillage) ; n'a-t-il pas toujours sa rosse efflanquée?

— Précisément, vous ne vous trompez pas ; il a, en effet, un cheval aussi maigre que lui-même.

— C'est bien, je suis sûr maintenant que vous ne resterez pas longtemps ensemble ; c'est un fainéant et Dieu veuille pour vous que ce ne soit que cela ; en tout cas, ouvrez l'œil, comme disait le capitaine C..., aux matelots en vigie et, à la première sottise quittez ce coureur et venez nous rejoindre ; nous sommes ici en plein paradis terrestre ; des daims, des cerfs, des ours à choisir ; mais j'y pense, vous n'attendez le retour de votre compagnon que dans deux jours. Chez ce vieux coquin de Petro, que je connais

autres que ceux établis dans les villes, avaient pris l'habitude de ne se désigner que sous leurs noms de baptême.

fort bien, vous vous ennuierez à mourir; venez avec nous, est-ce convenu?

Tout cela avait été dit avec une expression de si franche cordialité et tant d'empressement, que je n'hésitai pas une minute à accepter une offre si gracieusement faite; elle ne m'étonnait pas après tout de la part du brave garçon dont j'avais plus d'une fois pu apprécier la folle tête, mais le bon cœur.

Un moment après, mon couteau à la main, je donnai à Charles une leçon, en lui montrant comment il fallait s'y prendre pour vider, sans trop l'endommager, le daim qui était resté sur place; puis, lui ayant lié les quatre pattes ensemble, nous le chargeâmes sur nos épaules, à l'aide d'un bâton passé entre elles, et nous prîmes la direction du campement, distant d'environ deux milles de l'endroit où nous nous trouvions.

Chemin faisant, j'appris que mon ami Charles et ses deux comarades, que nous allions rejoindre, étaient dequis un mois à peu près dans ces parages, où la chasse était excessivement fructueuse; deux fois par semaine, ils transportaient leur gibier sur la route du Pueblo de los Angeles à San-Francisco, à un endroit où un Américain venait le leur acheter, et quoique celui-ci profitât de leur position pour l'acquérir à des prix bien minimes, ils avaient déjà près de deux cents piastres — mille francs — d'économie.

Nous marchions depuis environ une heure, quand

mon compagnon signala son arrivée à ceux qui devaient l'attendre, en poussant trois formidables hourrahs ; un égal nombre de cris lui répondirent, en même temps il laissait retomber notre fardeau et me disait :

— Voyez si je vous ai trompé en vous prévenant que nous habitions un vrai paradis terrestre.

XI

NOUVELLES CONNAISSANCES.

Nous étions arrivés sur une haute crête rocheuse formant, à cet endroit, une espèce de promontoire dont la saillie dominait, en la rétrécissant, une magnifique vallée qui s'étendait en demi-cercle à soixante ou quatre-vingts mètres sous nos pieds.

Un petit arroyo, aux eaux bruyantes et limpides, la coupait dans toute sa longueur et serpentait parmi des blocs de granit, sur un lit de cailloux.

L'hiver, sans doute gonflé par les eaux pluviales descendues des montagnes où il prenait sa source, le ruisseau devait devenir torrentueux et couvrir en grande partie la vallée qu'il fertilisait, car partout sur ses rives croissait une herbe haute, épaisse et verte malgré les chaleurs prolongées de l'été.

A notre droite, la colline s'élargissant, formait
comme un vaste amphithéâtre en partie bordé par
des arbres de haute futaie ; sur le seul coteau où
nous étions, le sol pierreux n'avait fourni qu'une faible végétation ; la prairie était ainsi aux trois quarts
limitée par des chênes séculaires et, au-dessus des
massifs arrondis de leur feuillage, s'élançaient les
tiges gigantesques des sapins qui couronnaient jusqu'aux contours les plus élevés de la sierra.

Dans mes précédentes courses à travers le monde,
souvent déjà il m'était arrivé de suspendre ma marche et d'oublier le chemin qui me restait à faire, en
présence de quelques-unes de ces riantes oasis jetées
par la nature sur les pas du voyageur comme pour
lui dire : Arrête-toi ici ; mais, la plupart du temps,
dans ces lointaines contrées, l'étrangeté des détails,
partageant tour-à-tour mon attention, l'empêchait
de se fixer sur l'harmonie de l'ensemble.

En face de cette solitude si calme, si majestueuse,
mes regards et ma pensée erraient au contraire dans
le vague ; la paisible quiétude du lieu s'emparait de
mon esprit, mon compagnon, gardant le silence, me
laissai à mon admiration ; l'arrivée de ses deux camarades vint tout à coup m'arracher à ma rêverie
contemplative.

Ah ! mes bons amis Charles, Louis, André, que ne
donnerais-je pas à cette heure, pour avoir la certitude que les lignes qui vont suivre arriveront jusqu'à
vous ! Elles vous prouveraient combien vous étiez

injustes, lorsqu'aux promesses que je vous fis plus tard de ne jamais oublier les jours si heureux passés ensemble, vous paraissiez douter de ma parole et me disiez :

— Promettez, promettez toujours, autant en emporte le vent.

Vous aviez tort, amis, les vents, il est vrai nous ont dispersés; ils m'ont rendu à la vie de famille, bien douce après de si longues absences; mais dans le calme où je vis, ma pensée souvent se reporte vers vous, et je me demande où sont mes amis de la Sierra de San-Bruno?...

Puisque j'ai prononcé leur nom, il me sera bien permis de présenter à mes lecteurs ceux dont j'allais peut-être bientôt partager l'existence; s'il est vrai que j'aie eu la main malheureuse le jour où je l'ai mise dans celle de M. William.

Mon ami Charles est un Parisien. A ce propos, il faut que je relève ici une erreur encore accréditée dans l'esprit de beaucoup de personnes qui s'imaginent que le véritable enfant de Paris est attaché au sol de sa ville natale, comme les somptueux édifices qui la décorent; rien n'est plus faux; peut-être existe-t-il encore quelques Parisiens de la vieille souche, capables de se croire aux antipodes lorsque le chemin de fer les a transportés à Dieppe ou au Havre, et qui tendent leur parasol pour se protéger contre l'ardeur des rayons du soleil, dès qu'ils ont dépassé l'ombre des tours de Notre-Dame; mais à côté de ces vénérables reliques d'un autre âge, existe, bien plus nombreuse, la race des Parisiens cosmopolites : de ceux-là nous avons rencontré de très-remarquables échantillons à Sainte-Hélène, au Cap, à Ceylan , sur tout le littoral de l'Inde depuis Bombay jusqu'à Calcutta, à Singapour, aux Philippines, dans la Malaisie, enfin partout, de sorte que loin de dire le Parisien sédentaire, nous le déclarons capable de rivaliser avec les Chinois en cosmopolitisme. Au reste Charles, un jour que je lui demandais s'il ne regrettait pas Paris, me fit une réponse qui explique le fait :

— Moi, regretter Paris, me dit-il; mais pensez donc bien, mon cher, que Paris est aujourd'hui trop devenu la ville de tout le monde pour être resté la ville de quelques-uns.

D'un courage à toute épreuve, d'une imprévoyance non moins grande , Charles est venu en Californie, sans penser aux périls de l'existence aventureuse qu'il embrassait. Son but est de faire fortune, non pas en économisant quelques dollars sur le produit de son travail quotidien, mais avec la persuasion qu'à lui est réservée cette merveilleuse chance rêvée par tous les mineurs, de heurter de son pic la montagne d'or massif. En attendant, se trouvant sans le sou et dans l'impossibilité de gagner les *placers*, il s'est fait chasseur en compagnie de deux autres qui ne l'ont pas nommé leur trésorier.

A votre tour, mon cher Louis ! Ah ! ne craignez rien, je serai discret; je n'ajouterai ni une initiale pouvant faire deviner votre titre nobiliaire, ni la première lettre de votre nom patronymique, et cependant, cela suffirait-il pour éveiller le souvenir de ceux qui vous auraient connu parmi mes aristocratiques lecteurs? J'en doute, car on oublie vite en France; d'ailleurs vous l'avez quittée en 1849, et à cette époque tant de choses s'en allaient également... Mais pour faire comprendre comment, un des premiers, vous avez répondu à cet appel parti des rives du Sacramento, de l'or! de l'or! je répéterai vos paroles, lorsque je vous en témoignais mon étonnement:

— Je ne pouvais me résoudre à subir les conséquences des folies de ma jeunesse, me disiez-vous, je n'avais plus d'or à offrir à mes amis, mon pays n'avait que faire de mon sang que j'aurais été si heureux de verser pour lui : il ne me restait rien, rien que la conscience de mes sottises. Dans la vie civilisée je n'étais qu'une négation, je me suis fait sauvage. Là-bas, ce que j'avais été m'empêchait de devenir quelque chose; ici, ce que je suis me permet de tout espérer...

C'était vrai, mon cher Louis; malheureusement à côté de votre esprit audacieux, prompt à concevoir, des ressources de votre intelligence qui vous auraient permis d'exécuter, vous aviez cette excessive mobilité d'idées qui exclut la plus sûre garantie de succès, la persévérance : aussi, quand je pense à vous, ce n'est pas sans inquiétude que je me dis, qu'êtes-vous devenu.....?

Voilà maintenant, selon moi, la plus curieuse in-
dividualité de ce petit groupe dont les éléments ne
pouvaient, à coup sûr, se rencontrer que sur cet
étrange théâtre appelé la Nouvelle-Californie; c'est
André. Lui aussi se dit Français, quoiqu'il soit né sur
une terre anglaise, dans une bourgade de la rive gauche du fleuve Saint-Laurent, entre Québec et Mon-
tréal, dans le bas Canada. A l'appui de sa prétention,
André met en avant la manière dont il parle notre
langue; à ce titre, cependant, on pourrait le croire
tout aussi bien Américain, Espagnol et même enfant
d'une des nombreuses tribus de Peaux-Rouges qui
peuplent le *Far-West* où il a longtemps vécu.

La vie de ce brave garçon fournirait certainement
matière à un gros volume, s'il était possible d'obtenir sur son passé des renseignements suivis; malheureusement il est toujours beaucoup plus empressé
d'interroger sur les merveilles enfantées par la civilisation du vieux monde, que de fournir des détails
sur le nouveau qu'il connaît si bien.

André avait débuté très-jeune dans l'existence no-
made, avec son père, qui était un engagé de la Compagnie du Nord-Ouest; plus tard, celui-ci ayant été
tué dans une rencontre avec des Indiens, André s'é-
tait mis au service de la puissante Société de la baie
d'Hudson, en qualité de chasseur de fourrures, et il
était encore à sa solde, lorsque la découverte des
mines de la Californie attira sur ce point presque
tous les aventuriers de l'Amérique du Nord.

Pour le moment, je ne m'étendrai pas davantage
sur le compte d'André, car je craindrais d'être ac-
cusé de me jeter dans le roman; cependant peut-être
pourrai-je raconter un jour des faits qui éveilleront
dans l'esprit de mes lecteurs le souvenir des héros
de Cooper ou du capitaine Mayne-Reyd, sans sortir
de la plus exacte vérité.

Dans la soirée de ce jour, à l'heure où les blanches vapeurs de la brume commençaient à s'élever
au-dessus du petit ruissseau qui courait dans le vallon, pendant que les derniers jets du soleil couchant
n'éclairaient que les hautes cîmes des sapins ; tous
quatre, réunis autour d'un grand feu dressé à quelques pas de la cabane en feuillage, nous procédions
aux apprêts d'un dîner somptueux destiné à fêter ma
présence.

Le plus important ne manquait pas, nous avions
des perdrix, des lapins, des lièvres; outre le daim
tué le matin par Charles, un quartier de cerf pendait
accroché à une branche de chêne qui servait d'office
et de garde-manger ; mais les moyens d'exploiter ces
richesses étaient peu complets, mes amis ne possé-
daient, comme batterie de cuisine, qu'une marmite
et une casserole en fer battu.

Cependant Louis, que je soupçonne fort d'avoir été
gastronome au temps de sa prospérité, ayant déclaré
qu'il fallait que tous les plats fussent prêts et servis
à la fois, chacun se dévoue et je commence à croire
que nous arriverons à un résultat satisfaisant.

André a embroché, à l'aide de la longue baguette
en fer de son rifle, quatre colins gras et dodus que.
la flamme commence déjà à dorer ; je tiens la casserole où cuisent doucement dans leur suc quelques
tranches minces de filet de cerf, et notre Parisien
fait bouillir à outrance, dans la marmite, ce qui sera
à volonté un civet ou une gibelotte, car il a réussi à
loger dans les flancs du vase un lièvre et deux lapereaux, il est vrai qu'il les a hachés si menu, que je
lui ai cru un moment l'ambition de nous faire un
pâté.

Pendant ce temps, Louis qui ne se contente pas de la
surveillance et veut payer de sa personne, met le couvert, représenté par quatre galettes de biscuit de bord
placées sur l'extrémité d'une longue et énorme branche dont l'autre bout se consume en alimentant le
foyer : tout cela se fait en silence, il semble que chacun se recueille, soit pénétré de l'importance du rôle
qu'il remplit et ait conscience des difficultés à vaincre.

Quant à moi, mon attention se détourne de mon
œuvre culinaire, pour se fixer sur André qui confec-
tionne notre rôti à l'écart ; le peu que j'ai déjà appris
sur son compte a tellement excité ma curiosité, que
je forme intérieurement le projet, si les événements
me font son compagnon, de ne rien négliger pour gagner sa confiance. En attendant, je le regarde souvent à la dérobée ; il est en ce moment accroupi sur
ses talons, tournant lentement la broche avec la gravité d'un Indien faisant cuire, dans le désert, une

bosse de bison; les reflets du feu colorent sa mâle
figure et lui donne la teinte cuivrée d'un Peau-Rouge,
il est bien évident qu'il est le seul de nous tous qui
se trouve réellement à sa place dans le tableau.

Tout à coup une forte odeur de brûlé vient faire
diversion à mes idées; un coup d'œil à ma casserole
et un tour de main me rassurent promptement sur
l'état de son contenu, mes distractions n'ont rien
compromis.

C'était le ragoût de Charles qui, réduit à force de
bouillir à un état d'évaporation et de siccité parfaites,
fumait et menaçait de prendre feu, aussi son inventeur, pour sortir d'embarras, se hâte-t-il de donner
le signal du repas en criant : — A table, messieurs,
à table, tout est cuit à point, dépêchons-nous ou je
ne réponds de rien. — Au même instant, Louis sortait de la *ramatte*, portant trois bouteilles d'excellent
bordeaux et une quatrième pleine de rhum.

J'ai souvent entendu dire que le luxe d'une table
splendidement éclairée, avec son linge damassé d'une
éblouissante blancheur, son surtout fleuri, son ar-
genterie, ses porcelaines, ses cristaux, exerçait sur les
convives une influence fascinatrice qui les prédispo-
sait aux douces sensations du repas; cela peut être
vrai, quand tous les prestiges du décor s'adressent à
des estomacs blasés par des jouissances trop fréquemment répétées; mais ici, je vous jure que ce serait un
hors-d'œuvre parfaitement inutile.

Nous avons tous quatre à satisfaire ce vigoureux

appétit que donnent la santé et le grand air, aussi, filet de venaison, perdrix ont bientôt disparu, et du salmigondis de Charles il ne reste que ce qui est calciné et adhérant aux parois de la marmite.

Pour dessert, Charles, meilleur chanteur que cuisinier, nous dit d'une manière ravissante quelques chansonnettes, puis lorsque nous eûmes pris le thé, Louis demanda à André de nous donner une représentation de la danse des Scalps en usage chez les tribus indiennes des grandes prairies; pendant que celui-ci, légèrement excité par les libations extraordinaires qui avaient eu lieu en mon honneur, rentrait sans se faire prier dans la ramatte afin de se préparer : — Vous allez voir, me dit Louis, à voix basse, quelque chose effrayant de vérité; si ce garçon-là figurait sur un théâtre de l'Europe, il ferait promptement fortune.

A ce moment la nuit était venue, la vive lueur projetée par les flammes de notre foyer n'éclairait que sur un étroit espace les buissons et les troncs d'arbres, en leur prêtant une apparence fantastique. A diverses reprises déjà nous avions entendu, dans le lointain, les hurlements des loups, le glapissement des coyottes qui quittaient leurs repaires de la montagne pour aller en maraude dans la plaine; la mise en scène, pour la représentation qu'André allait nous donner, était d'une exactitude irréprochable, mais j'étais bien loin de supposer que le spectacle toucherait, comme il le fit, à la réalité.

Après environ cinq minutes d'attente, un coup de feu retentit, puis un cri perçant dont je n'essaierai pas de rendre l'intraduisible expression, et devant la cabane apparut un sauvage demi-nu, le corps bariolé de raies transversales jaunes et blanches, d'une main il tenait deux chevelures, ou scalps, de l'autre il brandissait une petite hache au fer large et poli d'où semblaient jaillir des étincelles à la clarté de notre brasier.

En deux bonds il fut rendu à nous toucher; là, commença dans une langue gutturale que nous ne comprenions pas, le récit du combat avec les ennemis dont il avait rapporté les chevelures; mais si le sens des paroles nous échappait, il n'en était pas de même des péripéties de l'action, expressivement rendues, jusque dans leurs moindres détails, par la pantomime.

Le premier Indien avait été tué d'un coup de couteau dans une lutte corps à corps, et le second, après avoir grièvement blessé André d'une flèche, avait été renversé à la distance de cinq à six pas par un coup de hache que celui-ci lui avait lancé en plein corps. Pour nous le faire comprendre, André ayant fait tournoyer au-dessus de sa tête cette arme terrible dans des mains exercées, l'envoya avec une telle violence que le tiers du fer disparut en fendant l'écorce et le bois d'un chêne placé au moins à une douzaine de pieds de lui. Enfin, pour traduire tous les incidents du drame, le vainqueur se jette sur son enne-

13.

mi renversé, décrit autour de la tête de sa victime une incision circulaire à l'aide du long couteau qu'il tient d'une main, tandis que, donnant de l'autre qui a saisi les cheveux, une violente secousse, il dépouille le crâne de son cuir chevelu ; puis il se relève agitant son lugubre trophée et entonne un chant de triomphe accompagné de grimaces diaboliques, de hideuses contorsions et de cris sauvages.

La veillée tirait à sa fin, une longue et intime causerie avait dissipé les sentiments pénibles qu'avait fait naître la scène de sauvagerie jouée par André au naturel ; chacun de nous alla s'étendre, à l'abri de la ramatte, sur une couche épaisse de mousse et de feuilles. Encore peu habitué aux courses que j'avais faites depuis mon départ de la ville, j'espérais qu'un paisible sommeil me procurerait le repos dont je sentais le besoin, lorsqu'à quelques centaines de pas de nous, dans la forêt, s'élevèrent de différents endroits des grognements étouffés, qui ne ressemblaient nullement aux voix des loups ou des coyottes.

— Quel est ce bruit ? demandai-je vivement à Louis.

— Oh ! ma foi, mon cher, reprit celui-ci, vous aviez l'air tout à l'heure de douter qu'il y avait des ours dans le pays, eh bien ! ces messieurs confirment eux-mêmes ce que nous vous avons dit. Depuis que nous sommes ici, ils n'ont pas manqué une soirée de venir ; maintenant dans quel but ? là-dessus les avis sont partagés.

Charles et moi, nous croyons qu'en ours bien élevés ils ne veulent que nous souhaiter le bonsoir;
André, qui a peut-être avec raison la prétention de
mieux connaître leurs habitudes, soutient au contraire qu'en ours mal léchés, ils protestent ainsi
contre notre présence sur leur domaine; quoi qu'il
en soit, bientôt vous pourrez vous créer vous-même
une opinion à ce sujet, quand ils se seront plus clairement expliqués, car en ce moment ils accordent
leurs instruments, attendez un peu et le concert sera
complet; après tout il n'y a rien à craindre, ils sont
d'une discrétion exemplaire. Il n'en a pas toujours
été de même; aussi avons-nous passé deux nuits
perchés comme des corbeaux sur les branches de ce
chêne, et fort heureux qu'ils n'ont pas écouté cet
étourdi de Charles qui, par réminiscence de sa vie
de gamin de Paris, ne cessait de leur crier : — Monte
à l'arbre, Martin, monte à l'arbre !

Les plaisanteries de Louis ne m'ayant nullement
persuadé, je m'adressai à André; qui me répondit
sérieusement :

— Vous avez, en effet, entendu des ours, et vous
les entendrez mieux encore ; il est probable, voyez-
vous, que nous sommes établis sur leur passage habituel, quand ils descendent de la montagne, et tous
les soirs ils s'en plaignent avant de changer de direction; ils continueront, je le pense, quelque temps, car
l'ours n'aime pas à changer ses habitudes et est excessivement routinier ; mais nous n'avons pas, je le

crois, d'attaques nocturnes à redouter, ce qui arriverait, si nous étions plus près de la Sierra-Névada,
où se rencontre l'ours gris, tandis que ceux-ci, très-
audacieux en face d'un ennemi qui se montre, ne se
rendant pas compte de ce que contient notre ramatte,
redoutent un piége.

André parlait encore quand éclatèrent à la fois
sept ou huit voix pleines comme des mugissements
de taureaux, quoique beaucoup moins sourdes ; jamais je ne saurai rendre l'impression que me fit éprouver cette soudaine explosion ; les ondes sonores par-
tant de la lisière de la forêt ne mouraient pas étouffées sous son épais couvert, elles couraient au contraire, en déchirant le silence de la nuit, le long de
la colline, se multipliaient aux échos des coteaux qui
la bordaient, pour aller se fondre dans le lointain en
un immense murmure. Quoique j'eusse déjà entendu
autrefois rugir le tigre et le lion, je n'hésite pas à
déclarer que jamais cris aussi puissants n'avaient
frappé mes oreilles. Afin de justifier mon assertion
auprès de quelques-uns de mes lecteurs à qui elle
pourra paraître exagérée, je leur rappellerai les
conditions de l'endroit où nous nous trouvions et,
de plus, je leur dirai déjà ce que plus tard nous
eûmes le bonheur de vérifier ; parmi les exécutants
du concert se trouvaient des individus pesant cinq à
six cents kilogrammes et doués, je l'atteste, de robus-
tes poumons.

Ce vacarme épouvantable dura sans discontinuer

près d'un quart d'heure, puis les voix devinrent plus rares, se transformèrent en plaintes provenant d'une autre direction, et peu à peu le calme se rétablit ; j'en profitai pour reprendre avec André la conversation interrompue.

— Comment, lui demandai-je, n'avez-vous pas tenté de tuer quelques-uns de ces bruyants visiteurs?

— Plusieurs raisons nous en ont empêché, me dit-il, d'abord Louis et Charles n'ont pas d'armes très-convenables pour un pareil gibier, et, en admettant que nous eussions réussi, il nous eût été impossible de tirer parti de notre chasse, faute de moyens pour la transporter à la ville ; mais si vous voulez être des nôtres et si nous nous décidons à acheter un cheval, je vous assure que rien ne sera plus facile que de tuer deux ou trois de ces animaux qui s'attardent souvent le matin et ne rentrent au bois qu'avec le jour, peut-être même en verrez-vous dès demain. Maintenant, si vous m'en croyez, allons dormir.

Après avoir jeté dans le feu du bois destiné à l'alimenter une partie de la nuit, nous fûmes nous étendre dans la ramatte où Louis et Charles avaient déjà pris place. Bientôt la respiration régulière de mes nouveaux amis, habitués à ce genre de vie, m'annonçait qu'ils dormaient d'un profond sommeil, tandis que, pour arrêter ma ligne de conduite, je m'efforçais de mettre un peu d'ordre dans mes idées ; mais je ne pus y parvenir, les ours, les loups, les cerfs tourbillonnaient dans ma pensée, au-dessus d'eux pla-

naît le souvenir des innombrables habitants de la
grande lagune ; la mémoire pleine de ce que j'avais
vu d'extraordinaire depuis deux jours m'enlevait tout
raisonnement, il me fallait absolument dormir ou
devenir fou, je pris le parti le plus sage, sans m'inquiéter plus longtemps de ce que je ferais le lendemain.

XII

LES COYOTTES — LE RANCHO.

—

J'étais plongé dans un profond sommeil, bien gagné par l'insomnie et les fatigues des nuits et des jours précédents, lorsqu'une main, s'emparant d'une des miennes, l'étreignit en la secouant, tandis qu'une voix forte me scandait à l'oreille ce fameux vers allongé d'une manière burlesque:

O fortunatos nimium sua si bona norint..... Ceux qui dorment... Il n'en fallait pas plus, on le pense bien, pour faire envoler le bonheur négatif dont j'aurais joui encore volontiers une heure ou deux, et me rendre à la vie, sinon à la conscience bien claire du lieu où je me trouvais et de tout ce qui m'entourait. Assis sur mon séant, les yeux écarquillés, je courais après mes idées sans voir autre chose qu'un gracieux

rayon de soleil ; après avoir filtré à travers le feuillage
de la ramatte, il semblait danser dans son intérieur,
et éclairait surtout deux objets bizarres qui me rap-
pelaient les toupets, les perruques, enfin les postiches
de tout genre exposés par nos coiffeurs dans leurs
vitrines ; ils pendaient accrochés à une petite branche au-dessus de la place d'André ; mais, en ce moment, Louis, Charles, André, M. William, Petro,
Rock-House, la ramatte, tout cela était tellement
brouillé dans mon cerveau, qu'il n'en pouvait rien
jaillir de lucide. Heureusement, Louis, qui m'avait
réveillé, me rendit enfin la mémoire, en me disant
entre deux éclats de rire provoqués sans doute par
ma mine grotesque :

— Eh bien ! qu'avez-vous donc ? Est-ce que la vue
des dépouilles opimes si soigneusement conservées
par notre ami vous effraie ?

Pour le coup, le charme était rompu.

— Ah ! mon cher Louis, repris-je à mon tour, que
j'ai bien dormi ?

Puis, une fois debout, et le voyant seul :

— Mais où sont André et Charles ? lui demandai-je.

— Partis pour la chasse, après m'avoir bien fait
promettre de vous laisser dormir en paix ; m'en voulez-vous d'avoir manqué à ma parole ?

— Non, certainement ; et je n'ai qu'un regret,
c'est que vous ne l'ayez pas fait plus tôt. Soyez sûr
que désormais, si nous devons vivre ensemble, vous

n'aurez pas souvent cette peine ; j'ai largement réparé
le temps perdu, n'est-ce pas? Enfin, n'en parlons
plus ; mais vous n'avez pas suivi vos compagnons,
sans doute à cause de moi? j'en suis désolé.

— Du tout, mon cher, un de nous trois reste toujours ici, jusqu'à ce que le soleil soit plus haut.
Faute d'avoir pris cette précaution, nous avons deux
fois trouvé à notre arrivée le menu gibier que nous
avions laissé, ainsi que vous le voyez, pendu aux branches de cet arbre, presque entièrement dévoré par les
chats sauvages, qui le matin rôdent souvent aux environs.

— Alors vous n'aviez pas attaché les paquets à
l'extrémité de lanières en cuir, comme vous le faites
maintenant?

— Ma foi si ! et pour nous voler, les gourmands
ont fait ce qui arriverait encore certainement; ils
commencèrent par ronger les liens, et ils n'eurent
alors qu'à descendre ; leur proie était à terre avant
eux.

La semaine dernière, André a même été mieux
volé que cela. Ayant découvert à trois milles d'ici,
dans la sierra, un endroit fréquenté par des cerfs, il
résolut d'y passer une nuit entière à l'affût. Pendant
sa durée, il tira quatre cerfs dont trois restèrent sur
place ; c'était un joli résultat, et, en nous rendant
avec lui sur les lieux, nous nous plaisions à penser
que la nuit de notre ami nous rapporterait près de
trois cents francs ; malheureusement, nous comptions

sans les maudites bêtes que vous avez entendues hier soir. Un ours avait escaladé l'arbre auquel André avait accroché sa chasse au moyen de son lasso; nous ne trouvâmes sur le sol que de l'herbe rougie, des os broyés, et les larges empreintes du voleur; il est probable que les loups et les coyottes des environs lui étaient venus en aide.

En vérité, je vous le répète, puisque vous aimez sérieusement la chasse, ne laissez pas échapper l'occasion qui se présente, soyez promptement des nôtres; ce que vous verrez ici vous fera oublier, je vous le jure, tout ce qui s'est offert à vous dans d'autres pays.

On attribue l'étonnante quantité d'animaux de toutes espèces qui se trouve aujourd'hui dans ces montagnes, à ce que la chaîne de Santa-Clara, leur prolongement, est ravagée, nous a-t-on dit, par un immense incendie; il refoule dans nos parages les habitants des forêts livrées aux flammes.

Maintenant, voilà ce que je vous propose. M. William ne doit arriver à Rock-House que demain; vous avez tout le temps de vous y rendre. Nous allons d'abord déjeuner, puis vous m'accompagnerez. Je dois aller au rancho de S....., à sept ou huit milles d'ici; chemin faisant, nous fusillerons lièvres, lapins et perdrix, et là, nous nous séparerons; vous serez sur la route du Pueblo à San-Francisco, elle vous conduira directement chez le Mexicain, Enfin, acceptez-vous?

— De grand cœur tout ce que vous avez proposé,
et je vous promets de m'arranger de manière à pouvoir être avant dix jours de retour parmi vous, avec
ma carabine, ma canardière, mon fusil, mes moules
à balles, enfin, ce que je crois indispensable pour
nous mettre à la hauteur des circonstances, c'est-à-
dire sérieusement sur le pied de guerre. Mais, avant
mon départ, je ne reverrai donc pas Charles et André?

— Non, car ils n'auront terminé leur tournée du
matin que sur les onze heures ; je leur transmettrai
vos adieux, et, ce qui leur fera plus de plaisir, la promesse que j'ai reçue.

Tout en causant, nous avions préparé notre déjeuner ; il fut lestement expédié, arrosé de quelques
verres d'eau claire légèrement alcoolisée ; car, pour
me fêter, mes nouveaux amis avaient la veille mis
leur cave à sec, et nous partîmes. En longeant le
ruisseau de la vallée, Louis me montra un endroit
où les ours, me dit-il, venaient chaque nuit boire et
se baigner. Sur la fange du bord se voyaient, en effet,
de nombreuses et profondes traces de leurs pas ;
lorsque nous y arrivâmes, l'eau troublée par eux
n'avait pas repris encore toute sa limpidité. Une cen-
taine de pas plus loin, s'élevèrent, à dix mètres de
nous, deux superbes oies sauvages dont un buisson
de saule et une petite bordure de jonc nous avaient
dérobé la vue ; grâce à la charge de double zéro que
j'avais dans le canon droit de mon fusil, malgré la

surprise, j'abattis celle qui me traversait, tandis que le petit plomb de mon compagnon ne lui procura que des plumes de l'autre.

C'était une variété de l'oie dite du Canada, un peu plus grosse que l'oie sauvage ordinaire d'Europe, le bec noir, avec des taches brunes sur un plumage gris foncé.

Cet incident nous causa un peu de retard, car pour ne pas nous charger inutilement, il nous fallut retourner à la ramatte porter notre palmipède; de sorte que la matinée était avancée quand nous arrivâmes dans la plaine. aussi, les lapins, qui dans ce pays sont tous buissonniers, avaient déjà gagné les fourrés d'où ils ne devaient ressortir que dans la soirée. Comme eux, les collins perdrix à huppe, ayant achevé leur premier repas, restaient immobiles sous l'épaisse feuillée des lauriers, des chênes-verts; des uns et des autres nous ne pûmes tuer qu'une trentaine. Mais, tout en cheminant, j'eus le plaisir de faire un de ces coups heureux qu'un chasseur n'oublie pas, quoiqu'il ne lui soit pas permis de s'en vanter.

Nous marchions, Louis et moi, à côté l'un de l'autre, nos fusils sur l'épaule; et faute d'autres distractions, il me donnait de curieux détails sur les mœurs des habitants du rancho que nous pouvions voir à un mille à peu près, et vers lequel nous nous dirigions.

Le terrain était devenu de plus en plus découvert;

nous n'avions plus autour de nous que des petits buissons et des bouquets de chênes clair-semés. Les tiges d'avoine et de moutarde sauvage, broyées sous les pieds des nombreux troupeaux de bœufs et de chevaux de la ferme, laissaient le sol à découvert ; aussi nous fut-il facile de distinguer à près de deux cents mètres, un animal qui s'avançait à notre rencontre en trottant. Je l'avais déjà aperçu, mais je n'avais rien dit, le prenant pour un chien, quand Louis m'arrêta tout à coup par ces paroles :

— Un coyotte ! baissez-vous donc...

J'imitai bien vite le mouvement dont il accompagna son avis, pendant que l'animal en question, pressant son allure, arrivait en ligne droite vers nous qui l'attendions accroupis, le fusil à l'épaule ; mais, à soixante pas environ, il s'arrête, nous reconnaît sans nul doute, et reprend au petit galop une direction oblique qui l'éloigne sur notre gauche.

— Ah ! le brigand nous a éventés, me dit alors Louis en se levant, il est trop loin...

A peine finissait-il, que mon coup part, la bête fait un saut sur place et ne bouge plus.

Je venais, à quatre-vingt-quinze pas, de tuer raide le coyotte, qui fuyait assez rapidement en ne s'offrant que de trois quarts, et cela avec une balle libre. Elle était entrée dans le flanc gauche, et, après avoir traversé une partie du ventre et de la poitrine, elle était ressortie, en faisant saillir hors de la seconde ouverture l'extrémité d'une côte brisée.

Dire l'admiration de Louis me serait aussi impossible que de peindre mon étonnement; car j'avoue en toute franchise n'avoir pensé dans le moment qu'à faire siffler le projectile aux oreilles du fuyard; d'ailleurs, pendant plus de trente ans de ma vie de chasseur, si bien remplie, j'ai pu mettre à mon actif assez de beaux coups de fusil pour ne pas vouloir garder ce qu'il a plu au hasard de me prêter.

Mais mon compagnon ne l'entendait pas ainsi, malgré mes protestations, qui n'étaient pour lui que modestie, et, en me voyant recharger mon fusil avec une extrême précaution, après avoir enveloppé soigneusement la balle dans un petit carré de toile de coton imbibée de graisse, il continua plus que je le méritais, à exalter mon adresse et la précision de mon arme.

Le coyotte, *canis latrans* des naturalistes, *barking-wolf* des chasseurs, est une variété de loups très-répandue dans l'immense espace qui s'étend des rives du Mississipi à l'Océan pacifique. C'est le plus petit des loups du Nouveau-Monde où, par ses mœurs, il remplace jusqu'à un certain point le chacal d'Afrique et d'Asie. Sa taille est à peu près celle d'un fort basset; mais elle est beaucoup plus svelte; sa robe fauve, mêlée de poils blancs et gris, sa queue touffue, tout son extérieur enfin, lui donne une parfaite ressemblance avec les loups, dont il garde la voracité unie à la ruse du renard et aux habitudes de sociabilité du chacal.

Comme ces derniers, ils se réunissent en troupes, afin de chasser avec ensemble les animaux blessés ou trop jeunes pour se défendre et, dans ce cas, les cris de la bande appellent l'attention de ceux qui les entendent. Aussi arrivent-ils bientôt dans l'espoir de prendre part à la curée.

J'ai, un jour, été témoin d'une de ces curieuses chasses et, quoique le fait ne se passa qu'un mois plus tard, environ, je demande à mes lecteurs la permission de le leur raconter.

Un soir, un peu avant le coucher du soleil, je ralliais notre campement encore distant d'environ un mille; mon carnier regorgeant de lapins et de perdrix, je portais de la main gauche un grand lièvre, pendant que la droite soutenait mon fusil sur mon épaule. Je longeais, embarrassé de la sorte, un *chamizal*. De l'autre côté d'un épais buisson, mais très près de moi, bondit un cerf. Rapide comme la pensée, je laisse tomber ce qui me gênait, et je lui envoie en plein corps une charge de chevrotines. Le cerf s'abat sur les genoux; mais pendant que je redouble avec du plomb trop faible pour l'achever, il se relève et, quoique trébuchant à chaque pas, il réussit à s'enfoncer dans le chamizal, où, pour plusieurs raisons, je ne jugeai pas prudent de le suivre, surtout à l'entrée de la nuit. Quelque temps avant, m'étant égaré, j'avais failli rester dans un de ces abominables fourrés; en outre, celui-ci servait en ce moment de retraite à une famille d'ours composée de la mère et de deux petits, ce que nous savions très-bien, car nous les avions aperçus deux ou trois fois. Néanmoins, après avoir reconnu aux rougeurs qui marquaient sur le terrain le passage du cerf, la gravité de ses blessures, force me fut de l'abandonner avec d'autant plus de dépit que, depuis trois jours, il ne m'avait pas été possible de mettre la main sur une pièce de gros gibier.

Tout en m'éloignant, je maugréais contre la fatalité, lorsque me vint la pensée de retourner me mettre à l'affût à cet endroit, dès que j'aurais déposé le produit de ma chasse. Le canton étant d'ordinaire fréquenté par le fauve, peut-être, me dis-je, aurai-je la chance de rompre avec le guignon qui me poursuit.

Vers les huit heures et demie, j'étais de retour au lieu où s'était passée la scène; mais cette fois, tenant en main mon fusil bien chargé d'un côté d'une balle, de l'autre de chevrotines, et portant, en outre, en bandoulière, ma bonne petite carabine à double canon.

Les environs reconnus, je m'installe commodément sur une grosse branche de chêne, a dix pieds de terre. De là je domine les buissons, et mon regard plonge au loin dans les espaces découverts. Sous mes pieds passent en sautillant des lièvres, des lapins, dont je ne me soucie guère, tandis que des engoulevents, et surtout un grand-duc perché sur un arbre voisin, poussent à intervalles rapprochés leurs cris lugubres.

Je n'oublierai jamais, bien certainement, le plaisir si vif que m'ont procuré beaucoup de mes chasses faites le jour, en compagnie de mes bons amis; malgré cela, les moments vers lesquels se reporte surtout mon esprit, sont ces heures d'affût au milieu de la solitude durant les nuits que ne troublait pas un bruit humain.

Mais pour que la tête, ou plutôt le cœur, utilise ces heures dans un religieux recueillement, il faut savoir qu'à des milliers de lieues de vous s'élèvent peut-être, au même instant où la pensée vous reporte parmi elles, les vœux des personnes chéries que vous avez quittées; il faut pouvoir se dire en murmurant leurs noms : « Elles aussi s'occupent de moi et se demandent quel est, à cette heure, le sort du pauvre voyageur. »

Oh! le grand bonheur que de savoir dans le désert le corps seul isolé, et de pouvoir se dire, en franchissant la distance : « Là-bas, d'ardentes amitiés veillent, espèrent et attendent! »

L'inquiétude peut bien alors mêler un peu d'amertume aux douces émotions; mais où est ici-bas le ciel toujours sans nuages, et que le rayon de soleil n'a pas ses ombres?

La soirée était magnifique; la clarté de la lune effaçait, par son intensité, les feux scintillants des étoiles; et tout en rêvant, je suivais, à travers le feuillage aiguillé d'un sapin, la marche ascensionnelle de l'astre au-dessus de l'horizon, quand deux cris, par-

14

tis à peu de distance, fixèrent mon attention. En même temps j'aperçus dans une clairière un coyotte faisant de singulières évolutions ; il décrivait au trot et le nez sur le sol, des cercles qui s'élargissaient sans cesse, parfois il s'arrêtait, levait la tête en poussant deux ou trois hurlements ; bientôt quatre à cinq autres arrivèrent qui firent le même manége, et là seulement m'apparut la vérité ; les maraudeurs étaient sur la piste du cerf que j'avais blessé quelques heures avant, cherchant de quel côté elle se dirigeait ; de nouveaux-venus ayant considérablement grossi la troupe, ils l'eurent bientôt trouvée. Guidés par le sang qu'avait perdu le cerf, je les vis tous s'élancer tumultueusement vers le chamizal et disparaître en poussant des cris ; mais, contre mon attente, trois ou quatre minutes plus tard, tous sortaient à une cinquantaine de mètres de moi, et prenaient une allure si rapide, que leurs voix n'étaient plus qu'étouffées. Je n'avais pourtant pas vu passer le cerf, qu'ils avaient probablement mis debout, je ne pouvais en douter, et je me demandais par quel moyen je leur arracherais leur proie pour en faire la mienne.

A cet instant je devinai sans peine que si je voulais le tenter, il fallait intervenir de suite, puisque les hurlements, interrompus pendant la chasse, venaient de recommencer et partaient toujours du même endroit, à peu de distance ; il était évident que le cerf faisait tête à ses ennemis. Me voilà donc en bas de mon arbre, mon fusil dans une main, ma carabine dans l'autre, et, guidé par les clameurs confuses de la meute, courant pour troubler l'hallali. Je la ralliai facilement; au sortir d'épaisses broussailles, je tombai à la lettre sur les coyottes, déjà réunis au moins une vingtaine, qui se battaient, criaient, hurlaient comme des démons sur le corps de leur victime. Mon apparition subite, inattendue, causa d'abord un certain émoi aux carnassiers; mais comme je m'étais arrêté pour poser ma carabine et armer les deux coups de mon fusil, les forcenés se remirent de plus belle à se mordre et se disputer les meilleures places; deux d'entre eux qui se colletaient, ainsi que de vrais chiens de combats, roulèrent même l'un sur l'autre jusqu'à me toucher, pendant que j'ajustais le groupe le plus épais.

Au coup de feu, par exemple, la position se trouva si instantanément nettoyée, que je ne pus m'empêcher de répondre par un éclat de rire aux plaintes que poussaient en se sauvant ceux qu'avaient atteint les projectiles. Malheureusement j'avais tiré de trop près; j'en fus convaincu le lendemain en trouvant près de là un des voleurs dont le corps avait servi de bouclier aux autres.

Enfin, maître du champ de bataille, mon premier soin fut de visiter mon cerf déjà endommagé, puisqu'il avait le ventre ouvert et la gorge déchirée. Je n'en pris pas moins possession, pensant en avoir fini avec le coyottes; cependant, comme il était beaucoup trop lourd pour qu'il me fût possible de l'em-

porter, je songeai à le garantir de la convoitise des
loups. Dans ce but je nouai à l'extrémité d'un de ses
bois mon mouchoir de poche, et, par surcroît de précaution, je fixai à l'autre le foulard d'une couleur
claire qui me servait de cravate, une petite brise faisait flotter mes deux drapeaux. « Allons, me dis-je,
maintenant je n'ai rien à redouter; de plus, j'étais
certain qu'André, toujours prêt en pareille occurrence, n'hésiterait pas à venir de suite avec moi le
chercher.

Sans perdre de temps, je gagnai notre campement
au pas gymnastique; mais à peine eus-je fait comprendre à mes amis ce dont il s'agissait, qu'André
me dit :

— Aller chercher votre cerf, mon cher, ah ! vous
êtes fou ! à l'heure qu'il est il n'en reste pas un morceau pesant deux livres ; cependant, puisque vous
avez fait la sottise de laisser là votre mouchoir
et votre cravate, allons voir si nous les retrouverons, ce qui est douteux..... En route, je le veux
bien.

Lorsque nous arrivâmes à l'endroit où s'était passée
l'action, il pouvait être minuit, la lumière de la lune
à son zénith brillait resplendissante, on aurait vu
courir une souris sur le sol, je reconnus sans peine
le théâtre; mais les acteurs n'y étaient plus, le dernier acte du drame s'était joué durant mon absence.
Aussi des coyottes... rien ; du cerf... rien ; mon mouchoir et ma cravate je ne les ai jamais revus, quoi-

que le lendemain je trouvai à deux cents pas de là les bois du cerf.

Les prévisions d'André s'étaient donc justifiées. Je n'ai jamais, à dater de cette nuit, manqué une occasion de prouver aux coyottes que je leur gardais rancune, et beaucoup de ces vilaines bêtes l'ont appris à leurs dépens.

Pendant que j'ai raconté ma mésaventure, Louis et moi avons fait du chemin, nous voilà rendus à la demeure du senor S.......o. L'étranger qui arrive à un rancho californien est péniblement impressionné par le silence qui règne aux alentours; on n'y voit ni charrue, ni herse, ni charrette, aucun de ces instruments qui, au repos, meublent la cour de nos fermes et, en mouvement, l'annoncent au dehors. On n'entend ni le grognement des porcs, ni le bêlement des moutons, ni le chant des coqs, ni les voix animées des domestiques. On ne voit pas de vergers, de jardins avec leurs arbres chargés de fleurs ou de fruits, pas de treilles tapissant les blanches murailles de leur vert feuillage. Ici, tout est triste, silencieux, monotone.

De sombres murs en terre forment une grande cour que borde d'un côté un immense hangar; de l'autre, la maison n'ayant le plus souvent qu'un rez-de-chaussée, comme le reste, construit en adobes.

A l'extérieur, quelques péons étendus au soleil dorment ou fument; partout sous les pas gisent les débris des animaux qui ont servi de nourriture aux

14.

habitants du rancho; des cornes, des têtes entières, de longs morceaux de peaux offrent aux yeux un ensemble repoussant et affectent souvent l'odorat par des émanations fétides!

Habituellement, à quelques pas de la maison, se trouve le *corral*, vaste enclos formé par d'énormes pieux fichés en terre, ayant six à sept pieds de hauteur; de longues barres horizontales faites de jeunes sapins encore recouverts de leurs écorces les relient entre eux, elles-mêmes sont retenues aux piquets, à une distance de deux ou trois pieds l'une de l'autre, par de fortes lanières en peau verte.

Le corral est le complément indispensable de tout *rancho* californien, de même que, dans nos campagnes de France, les granges, les écuries sont les dépendances nécessaires de toute exploitation agricole.

C'est dans le corral que le ranchero retient ceux de ses chevaux destinés à servir de relais sur les routes qu'ils lui font franchir avec une incroyable vitesse; c'est là qu'il met, mais rarement, les bœufs soumis au joug; enfin, c'est encore dans le corral qu'il se donne, le plus fréquemment possible, le cruel spectacle du combat de l'ours et du taureau; lutte sans merci que termine presque toujours la mort des deux adversaires.

Ce lieu est donc à la fois pour lui une écurie, une étable en plein air et un cirque.

Non loin de la maison, on voit encore un terrain clos comme le corral par de grossières barrières, pour empêcher l'invasion des animaux errants qui, la nuit, se rapprochent quelquefois de l'habitation; là, on a jeté au hasard quelques graines de pastèques *sandillas* et de maïs; la fertilité du sol a fait le reste; mais les plantes parasites et le soleil d'été ont bientôt étouffé et brûlé cet essai de culture.

Que voulez-vous? Les jardins du ranchero sont ces plaines qui dépassent l'horizon et que le printemps émaille de fleurs aux nuances vives et variées. Ses ombrages, ses allées, sont ces massifs toujours verts des chênes semés dans la plaine.

Quant à sa nourriture, il n'a qu'à monter à cheval, sa *réatta* (lasso) à la main, et il ramènera dans le corral une *vacca* (génisse), qui suffira pendant quelques jours aux besoins de la maison; après celle-là une autre. Car il ne touche pas aux bœufs pour sa consommation, et ses nombreux troupeaux ne manqueront jamais.

Peu de temps même avant la découverte des mines, alors que les besoins du pays n'étaient pas la centième partie de ce qu'ils sont aujourd'hui, il arrivait fréquemment qu'après un été brûlant trop longtemps prolongé, les rancheros, afin de sauver une partie de leurs bestiaux de la disette dont les menaçait le manque de verdure, se trouvaient obligés de sacrifier l'autre; ils réunissaient des milliers d'animaux, les plus vieux, les plus souffrants, les conduisaient vers les marais qui se trouvent au sud de la baie de San-Francisco, et puis là commençait

une effrayante hécatombe; sans se donner la peine
d'achever les pauvres bêtes, après leur avoir, à coups
de *machete*, coupé les tendons des jambes de derrière, ils les abandonnaient aux ours, aux loups, aux
coyottes, aux vautours qui trouvaient une abondante
curée.

En visitant quelques-uns des lieux témoins de ces
boucheries et encore blanchis par les ossements dispersés sur une immense étendue, nous déplorions
que l'incurie de l'homme l'eût ainsi contraint d'a-
néantir la source de tant de richesses.

Mon bon camarade Louis, après m'avoir permis de
faire autour du rancho une petite promenade, qui
fit naître en moi les réflexions dont je viens de livrer
le résumé à mes lecteurs, en homme à qui les lo-
calités sont familières, poussa, sans la heurter, la
porte de la cour, une petite porte basse, étroite,
couverte de grosses têtes de clous comme celle de
la poterne d'une forteresse; une fois entrés, nous
nous dirigeâmes vers le hangar, où nous apercevions
le maître de céans entièrement absorbé en ce moment par une innocente distraction.

XIII

L'ORAGE.

Au moment où nous entrâmes dans la cour du Rancho, le senor S... paresseusement, sinon mollement étendu sur un banc en bois, tenait un accordéon; même dans des mains habiles, cet instrument conserve toujours quelque chose de monotone et de fatigant, un je ne sais quoi rappelant le soufflet de forge à respiration continue. Le ranchero, qui partageait peut-être notre opinion, cherchait à rompre cette uniformité et s'efforçait d'obtenir un air sautillant qu'il sifflottait entre les dents. Il réussissait peu; mais à grand renfort de clefs et de coups de poignet, il arrachait seulement des notes courtes, hachées, dont l'ensemble formait une harmonie très-contestable.

Notre venue, loin d'interrompre l'exercice musical du Californien, semblait au contraire avoir redoublé son activité; par malheur le pauvre instrument ne pouvait longtemps se maintenir à la hauteur des circonstances, et force lui fut de céder; c'est-à-dire que, distendu outre mesure par les deux vigoureux poignets qui le torturaient, chacun d'eux en garda une moitié, pendant que le patient, au bout de ses souffrances, exhalait son dernier soupir dans une note lamentable qui se perdit au milieu du craquement causé par la solution de continuité.

L'accident eût partout été grave, en Californie il était irrémédiable; le ranchero le comprit bien ainsi, car sa figure exprima tout à coup une douloureuse surprise et tant de stupéfaction, que nous prîmes part à son dépit et réussîmes, en nous mordant les lèvres, à comprimer l'envie de rire provoquée par un si singulier dénouement. Enfin, le senor S..., toujours sans nous adresser une parole, après avoir minutieusement contemplé tour à tour et sous toutes les faces les deux fragments qu'il tenait, les avoir dix fois rapprochés et éloignés l'un de l'autre, venait de les jeter dans un coin du hangar où nous nous trouvions et se tournait de notre côté, lorsque sa fille et sa femme sortirent de la maison. Louis s'empressa de me présenter comme un de ses amis, ce qui me valut un accueil très-gracieux de la part de ces dames; malheureusement elles parlaient le français un peu plus mal que moi l'espagnol, de sorte

que notre conversation fut très-bornée, d'ailleurs
ayant encore une longue route à faire pour retourner chez le Mexicain où je désirais aller coucher le
soir même, je ne voulais pas m'arrêter au rancho.
Je refusai donc l'offre qui me fut faite de prendre
part au dîner de la famille, et tandis que mon compagnon déposait son fusil, sa carnassière, je lui ser-
rai la main, lui renouvelai la promesse de revenir
me joindre à lui et à ses amis le plus tôt possible et
je repassai le seuil de l'hospitalière demeure. J'aurai certainement le plaisir d'y ramener mes lecteurs:
tout ce que je peux dire aujourd'hui de ceux que j'y
laissai, c'est que la senorita Rafaëla, la fille du ranchero S..., était une ravissante personne, et que ce
cher Louis n'insista pas pour me faire rester autant
qu'il aurait pu le faire... mais cherchez donc une
action de l'homme où l'égoïsme ne se trouve pas un
peu mêlé.....? Une seule chose nous console, c'est
loi de nature.

Un quart d'heure après avoir quitté le Rancho,
j'arrivai au sentier poudreux qui indiquait à cette
époque la ligne à suivre pour aller du Pueblo de Los
Angeles à San Francisco, en passant par Rock-Houss;
de l'endroit où j'étais, quatre lieues environ me restaient à faire avant d'arriver à ce dernier point. Il
était midi, j'avais tout le temps nécessaire, puisqu'il
me suffisait d'être rendu avant la nuit, il m'était donc
possible, sans imprudence, d'échanger la course fas-
tidieuse sur un chemin frayé, contre une belle pro-

menade à travers la campagne. Je ne pouvais pas
m'égarer, du moins je le pensais ainsi, ayant à droite
la route, à gauche la mer, et toutes deux me ramenant
vers la grande lacune et la demeure de Petro ; seulement, en calculant ainsi, j'oubliais les zigzags que je
pouvais faire entre deux lignes parallèles, mais dis-
tantes l'une de l'autre de plus de deux lieues ; après
tout, je n'étais pas venu en Californie pour me promener l'arme au bras sur les sentiers battus ; et tout
en me disant ce que je viens d'écrire, j'avais sans
hésiter déjà laissé le chemin bien loin derrière
moi.

L'heure n'était plus favorable pour la chasse, le
soleil dardait sur la plaine de chauds rayons, pas un
souffle de vent ne tempérait leur action, aussi les
fleurs des champs s'inclinaient vers le sol sur leurs
tiges affaissées, la terre brûlante renvoyait à l'air
d'ardentes effluves qui miroitaient et s'élevaient
tremblotantes au-dessus des herbes flétries ; les oiseaux sommeillaient sous la verdure des arbres et, à
l'abri des épais buissons, les petits quadrupèdes attendaient la fraîcheur du soir, seuls les insectes bruissaient autour de moi, pendant qu'à une élévation prodigieuse, des vautours immobiles, leurs grandes ailes
étendues, planaient ou semblaient plutôt, eux aussi
endormis, accorder quelques instants de trêve à leur
insatiable voracité.

J'aurais dû peut-être — comme tout ce qui m'entourait — prendre un peu de repos, l'idée ne m'en

vint seulement pas; loin de là, je précipitai ma course
pour gagner la crête de hautes collines dénudées
dont les sommets ondulés bornaient mon horizon;
de là, pensais-je, peut-être serais-je en vue de l'Océan,
alors je gagnerai les falaises pour les suivre jusqu'à
l'arrivée. Me voilà donc hâtant le pas, ne m'arrêtant
que de courts instants pour essuyer mon front qui
ruisselle. J'ai, depuis longtemps, quitté la plaine fer-
tile et escaladé et descendu bien des mamelons; mais
partout où s'étend mon regard, les collines succèdent
aux collines et d'autres encore se lèvent devant moi;
leurs pentes sont ou rocailleuses ou recouvertes de
maigres bruyères qui craquent sous mes pas. Afin
d'éviter un peu la lassitude que j'éprouve à toujours
monter et descendre, je contourne quelques-unes
des hauteurs s'offrant sur ma route; cependant,
comme je peux ainsi certainement dévier de la ligne
qu'il me faut suivre, je cherche dans mon carnier
ma petite boussole de poche afin de préciser mon
orientation; je ne la trouve pas, et pour ne pas m'arrêter à l'idée que je l'ai perdue, j'espère l'avoir oubliée chez le Mexicain; prenant alors comme repère
la ligne que suit le soleil dans sa course, je me re-
mets en marche; bientôt il ne peut plus me rester
l'ombre d'un doute, je me suis égaré. Si j'avais, en
effet, toujours suivi une direction perpendiculaire au
rivage du Pacifique je l'aurais atteint depuis longtemps, et, au contraire, je suis arrivé à l'entrée d'une
gorge boisée, elle remonte certainement vers la

15

chaîne de la sierra de San-Bruno, qui devrait être loin derrière moi.

Pour comble de malheur, le temps si clair, si beau dans l'après-midi, s'est couvert et annonce pour la soirée un de ces orages précurseurs de la saison pluvieuse ; que faire ? Deux partis se présentent à mon esprit, tourner rapidement le dos à la région boisée et rallier les collines pour tenter d'arriver chez le Mexicain, ou me résigner à passer la nuit où je suis, après avoir trouvé un gîte à même de m'abriter un peu contre le temps qui menace.

Je réfléchissais, pesant le pour et le contre, de l'une et de l'autre décision à prendre ; mais je fus promptement tiré de mon incertitude. Les gros nuages qui s'élevaient lentement du côté de la mer couvraient déjà tout le ciel, et quelques larges gouttes d'eau commençaient à tomber ; de plus, quoique je ne sentisse pas la brise, les plus hautes cimes des arbres tremblaient sous son souffle et il me semblait distinguer par moments de sourds grondements de tonnerre. Presque aussitôt, des cris de coyottes et des hurlements de loups m'arrivèrent ; pourtant l'heure où ces animaux quittent leurs retraites et se font entendre n'était pas encore venue.

Sans perdre une minute, comprenant que ce serait une folie de me lancer dans une contrée où je ne trouverais pas un buisson pouvant me protéger contre le mauvais temps, je me mis en quête d'un logement pour la nuit.

Je ne fus pas loin ; à cent cinquante pas de là, sur la pente d'un des rochers qui encaissaient le ravin, j'avisai un énorme chêne étendant de grosses branches horizontales au-dessus du bas-fond ; deux d'entre elles, qui se touchaient en sortant du tronc, présentaient assez de surface pour qu'il me fût possible de m'y installer presque commodément, à dix pieds du sol à peu près ; le parquet était satisfaisant ; le plafond, il est vrai, laissait à désirer, surtout lorsque je pensais que la pluie aurait bientôt percé le dôme de feuillage ; je ne m'en estimais pas moins très-heureux de ma rencontre, et pour un peu, j'aurais prié Dieu de ne pas détourner de dessus ma tête l'orage qui allait sans nul doute m'offrir un splendide spectacle dans une position on ne peut plus pittoresque.

En attendant, je dînai très-légèrement avec quelques provisions que Louis avait voulu que je prisse avant de quitter la ramatte le matin. Pour dessert, je sortais ma pipe de ma poche, lorsqu'enfin mes souhaits furent exaucés. L'air, qui tout à l'heure était étouffant, se trouva tout à coup rafraîchi par une bruyante rafale, elle passa en froissant si rudement le ramage de mon perchoir, que deux ou trois branches mortes assez grosses dégringolèrent bruyamment près de moi ; presque aussitôt déchirant le ciel assombri un éclair courut et, comme un de ces serpentins qui vont allumer un feu d'artifice, donna le signal de la tempête. Bientôt le vent engouffré dans la gorge se plaignit, siffla, mugit, secouant les arbres qui m'entouraient et la cime de mon chêne avec une violence incroyable.

Sur les coteaux qui me dominaient, les chênes, les sapins, frappés subitement par l'ouragan, laissèrent ployer leurs têtes, on eût dit qu'elles faiblissaient écrasées sous le poids des nuées abaissées vers le sol. Puis des torrents de pluie mêlée d'énormes grêlons, s'abattirent si pressés que la clarté du jour disparut complétement pour faire place à une blafarde obscurité au milieu de laquelle le feu du ciel courait sans discontinuer; quant aux éclats de la foudre qui grondait incessamment, impossible de les distinguer.

Mon arbre était, ainsi que je l'ai dit, sur le penchant d'une crevasse rocheuse; les courants d'air refoulés au-dessus de la crête, à soixante ou quatre-vingts mètres plus haut que moi, luttaient dans l'étroit défilé, en faisant entendre des bruits assourdissants; tantôt on eût dit le diabolique concert que produiraient cent sifffets de locomotive ouverts à la fois; puis ces sons, d'une acuité à affecter douloureusement les oreilles, se taisaient subitement, et les rafales imitaient à s'y méprendre les explosions d'une puissante artillerie; les couches atmosphériques en recevaient un tel ébranlement que la terre semblait frémir.

A diverses reprises, des têtes d'arbres brisées étaient passées près de moi. Malgré son énorme dimension, le chêne sur les branches duquel j'étais cramponné, éprouvait des mouvements si désordon-

nés que la pensée me vint de l'abandonner, dans la
crainte de le voir céder à l'ouragan. Enfin, après
avoir, dans mes précédents voyages, été témoin de
plusieurs de ces convulsions des forces naturelles
que l'on nomme *tornados* dans le golfe du Mexique,
pamperos dans la Plata, *typhon* dans les mers de l'Inde
et de Chine, après avoir essuyé d'affreuses tourmentes
par le travers du banc des Aiguilles au cap de Bonne-
Espérance et en doublant le cap Horn, j'atteste n'a-
voir jamais contemplé un pareil désordre de la nature. Ce ne fut pas long; une demi-heure plus tard,
l'orage, emporté au-delà de l'horizon par sa violence
même, laissait tout, autour de moi, dans le calme
le plus absolu; les oiseaux voletaient en chantant,
le soleil au-dessus des montagnes de San-José pro-
jetait sur le paysage de placides rayons, la soirée
s'annonçait splendide.

Trempé jusqu'à la peau, ainsi que je l'étais, je me
hâtai de sauter à bas de mon poste pour me remettre en route. En descendant le ravin, je pus me convaincre que j'avais été encore plus heureux que je le
supposais, une formidable trombe avait dû y tourbillonner, son entrée était complétement obstruée
par des arbres déracinés, brisés, et leurs branches,
leurs troncs fracassés, enchevêtrés, amoncelés, formaient là une véritable barricade; j'eus toute la
peine du monde à me frayer un passage parmi les
débris. Que serais-je devenu si le hasard m'avait fait
arrêter cinq minutes plus tôt...?

Au sortir de la gorge, je venais de suspendre ma marche pour fixer la direction qu'il me fallait suivre, lorsqu'à une demi-portée de fusil j'aperçus une nombreuse bande d'oiseaux posés à terre. Quoiqu'il me restât peu de temps à perdre, car j'avais résolu d'arriver à la route avant la nuit, je voulus les approcher, un peu par curiosité, mais surtout pour envoyer mes deux coups de fusil qui avaient peut-être, malgré mes précautions, pris de l'humidité pendant la pluie diluvienne qui m'avait littéralement inondé. Rien ne pouvait masquer mon approche, je me contentai en conséquence de me courber en avançant avec lenteur; bientôt, à ma grande surprise, il me fut facile de reconnaître une troupe de trois à quatre cents palombes de la plus grosse espèce : tout en marchant vers elles, le doigt sur la détente de mon arme, je les vis se remuer, battre de l'aile, mais sans s'élever de terre; les pauvres oiseaux avaient tellement été fatigués par l'ouragan, que j'arrivai au milieu d'eux sans qu'il leur fût possible de fuir. On pense bien je ne m'amusai pas à un massacre inutile, je me contentai d'en ramasser six qui remplirent mon carnier et je m'éloignai en pensant à la bonne journée qu'aurait fait un de nos braconniers de France, si pareille fortune lui était échue.

La nuit était venue quand je me trouvai sur la route conduisant à Rock-House, et il était plus de dix heures lorsque je heurtai à la porte du Mexicain. Plus tard, après avoir souvent parcouru la contrée, je demeurai convaincu que j'avais fait, pendant cette journée, au moins huit lieues. L'hôtelier était seul chez lui, sans nul doute très-profondément endormi, car il me laissa près de dix minutes frapper et crier sans remuer; puis, dès qu'il m'eut ouvert, au lieu de répondre à une exclamation de mauvaise humeur qu'il ne m'avait pas été possible de retenir, il se contenta de me dire très-sérieusement.

—Comment, vous voilà? Ma parole, je ne pensais plus vous revoir. Qu'êtes-vous devenu depuis deux jours?

Cela fut prononcé avec tant de naturel et un étonnement si vrai, qu'il me vint tout de suite à l'esprit que mon digne hôte, me croyant disparu, avait peut-être déjà disposé des objets que j'avais laissés chez lui, comme d'une succession vacante. Ce fut donc avec un peu d'inquiétude que, sans répondre à sa question, je le priai de me remettre ce que je lui avais confié. Je retrouvai le tout, à cela près de ma petite boussole, que je n'ai jamais revue. Puis, en prenant un verre de vin chaud, pour combattre le froid que je ressentais sous mes vêtements encore plus qu'humides, et lorsque je fus enveloppé dans ma couverture de laine, je racontai à Petro une histoire de fantaisie : je ne voulais pas l'informer de la rencontre que j'avais faite de mes compatriotes. Lui, de son côté, m'apprit que M. William arriverait le lendemain de bonne heure avec une embarcation. Il l'avait vu le jour même à la ville où il était allé faire quelques emplettes.

En dépit des innombrables légions de puces qui infestaient la cabane, je dormis le reste de la nuit, sinon du sommeil du juste, au moins comme il est permis de le faire après une rude journée. Je me réveillai heureusement assez tôt pour arracher des mains de mon hôte deux de mes palombes déjà plumées, — écorchées voulais-je dire, — et qu'il allait faire cuire pour notre déjeuner; or, comme je n'avais pas oublié le parti détestable qu'il avait su tirer de mes canards sauvages, je me réservais de préparer moi-même mon repas à ma guise.

Vers le midi, j'étais assis sur la banquette en terre formant une enceinte continue, devant la demeure du senor Petro. Pendant que je cherchais à fumer un détestable cigare, soi-disant pur havane, qu'il avait eu l'audace de me faire payer un demi-réal, soit cinquante-quatre centimes, et que je humais de temps à autre quelques gorgées de café noir, apparut au bas de la rampe que je dominais M. William. Impossible de faire erreur, c'était bien sa longue et maigre personne, son cheval, souvenir ambulant du coursier de Don Quichotte; je distinguais même son rifle, qui, mis en travers devant lui sur sa selle, ressemblait à une vergue de navire posée en croix sur le mât; ce groupe précédait de quelques pas seulement deux autres personnes qui conduisaient une espèce de grand fourgon sur lequel était le bateau destiné à l'exploitation de la lagune. En quelques minutes de course, j'eus rejoint les arrivants. Je ne m'étais pas trompé : dans le wagon gisait, la quille en l'air, une baleinière. Cependant la joie que j'éprouvai en la voyant fut bientôt tempérée, dès que j'eus constaté son mauvais état; le jour, en effet, passait en plusieurs endroits au travers les bordages; mais M. William, à qui j'en fis de suite l'observation, me répondit qu'il s'était muni de tout ce qui était nécessaire pour la réparer; de plus, il m'apportait ma canardière et des munitions.

Nous fûmes bientôt rendus chez Petro; là surgit le commencement des difficultés que j'allais avoir à surmonter avant d'entrer en campagne; d'abord mon associé me présenta une note de frais pour le transport de l'embarcation et l'achat de clous destinés aux réparations, se montant à 10 piastres (50 francs), en me priant de les lui rembourser de suite.

— Vous retiendrez la part que je dois payer de ces frais, ajouta-t-il, sur la première vente de notre gibier; ce n'est donc qu'une avance.

Je m'exécutai d'assez mauvaise grâce, car il me semblait déjà qu'il était peu disposé, ou peu à même de contribuer au succès de notre entreprise, en partageant avec moi les frais indispensables; mais ce qui faillit tout compromettre, même avant le début, ce fut l'entêtement des deux Américains propriétaires du fourgon, qui, après avoir touché le prix du transport, s'obstinaient à vouloir laisser la baleinière à la porte du Mexicain, au lieu de la conduire au bord de la lagune, et il était évident que, laissée là, elle ne

15

nous servirait pas plus que si elle eût été dans la baie de San-Francisco. Jamais M. William et moi nous n'aurions pu lui faire franchir la distance qui nous séparait de la lagune (au moins un mille et demi); aussi je déclarai formellement à mon associé que, dans ce cas, je le quittais de suite et que j'allais prendre mes armes pour gagner l'intérieur du pays, en faisant le sacrifice de ce qu'il me devait. Ce n'était pas son compte; il entendait m'exploiter plus en grand, la suite me le prouva, et en quelques mots il amena ceux qui étaient probablement ses complices à se rendre à mes désirs; ceux-ci voulurent tenter de m'extorquer à ce propos encore une piastre; mais je tins bon, en les envoyant à mon cher associé, qui se contenta de leur rire au nez et prit les devants pour leur indiquer les passages les plus faciles.

Après avoir mis plus de deux heures pour faire environ une demi-lieue et avoir manqué dix fois de verser, nous arrivâmes aussi près que possible de la pièce d'eau, c'est-à-dire sur le bord d'un talus de sept à huit pieds qui la dominait; de cet endroit une pente rapide favorisait la mise à l'eau de l'embarcation dès qu'elle serait un peu réparée, la place me parut convenable, et je commençai immédiatement mon travail.

XIV

LA SAUVAGINE

DE LA GRANDE LAGUNE.

Pour accomplir ma tâche et la mener à bonne fin, je n'avais que deux choses : une ardente volonté et un cent de clous apporté par mon associé ; malheureusement, ils étaient une fois trop longs et trop gros ; aussi me serait-il impossible de dire la peine que je dus prendre ; néanmoins, le lendemain à midi, j'avais terminé tout ce qu'il était en mon pouvoir de faire dans les conditions où je me trouvais, et cependant je redoutais beaucoup de voir la baleinière se remplir une fois lancée, tant elle était vieille.

Petro vint nous aider à la faire glisser jusqu'à la lagune et, à ma grande satisfaction, nous fûmes de suite convaincus qu'elle suffirait mieux que je ne l'espérais au but que nous nous proposions.

On se ferait difficilement une idée de ma joie en
sentant la frêle barque se balancer sous mes pieds,
il me semblait prendre possession de tout ce qui
m'entourait ; j'invitai M. William à venir avec moi ;
mais il se contenta de me répondre que c'était tout-
à-fait inutile, et il ajouta:

— Mon cher, ce que vous allez faire là-dedans ne
me regarde pas. A chacun son rôle ; je vous ai fourni
la barque, servez-vous-en, tuez du gibier, et je me
chargerai d'en tirer parti ; il faut de l'ordre en tout.

Les idées de mon associé s'accordaient parfaitement avec les miennes, puisqu'elles me laissaient
toute liberté d'agir selon mes inspirations, je ne renouvelai donc pas l'invitation, trop heureux de le
voir la refuser.

Tandis qu'il me regardait faire évoluer mon embarcation, je ne pus résister au plaisir de traverser
la ceinture de joncs, afin de voir de l'autre côté la
surface du lac; pour cela il me fallut rentrer les avirons et me servir de l'un d'eux en guise de perche,
en prenant un point d'appui sur le fond, rendu solide par les racines entrelacées.

A chacun de mes mouvements, des poules d'eau,
des foulques, se montraient presqu'à me toucher et
filaient en avant, comme si elles eussent voulu me
servir de pilotes ; ce ne fut pas sans peine que je
sortis de ce fouillis, ce que je vis, du reste, me dé-
dommagea amplement.

Sur les eaux libres, je découvris une si prodigieuse

quantité d'oiseaux, qu'il me sembla que le nombre en avait doublé depuis ma première visite à la lagune : les bandes les plus considérables se tenaient surtout aux abords des deux îlots sur lesquels je me proposais d'aller me poster dans la soirée, afin d'engager l'action le lendemain dès l'aube ; mais ayant encore certaines mesures à prendre, je ralliai la rive.

Comme je touchais terre :

— Eh bien, me dit M. William, n'allez-vous pas chercher vos fusils et commencer la chasse ?

Je coupai court à ses observations par une réponse qu'il devait comprendre.

— Mon cher monsieur, lui dis-je, vous m'avez fourni la barque, à moi le soin d'en tirer parti. Il faut de l'ordre en tout.

Et je me mis à former des paquets de joncs ; j'en garni le fond de la baleinière au moyen d'un lit d'un pied d'épaisseur. Enfin, je dissimulai le plus qu'il me fut possible les bordages avec de longs et gros faisceaux de roseaux, de sorte que, quand ce fut fini, ont eût dit une énorme masse formée de végétaux aquatiques. Il ne me restait plus qu'à transporter à bord armes et bagages, comprenant, bien entendu, munitions de guerre et de bouche, puisque je me promettais de ne revenir que chargé à couler bas, alors même qu'il me faudrait demeurer quarante-huit heures dans le bateau.

A six heures et demie du soir nous étions tous à

bord ; quand je dis tous, je dois commenter l'expression, car je n'entends parler que de moi, ma carabine, ma canardière et mon fusil, accompagnés de force munitions.

Mon associé, non-seulement ne s'était pas donné la peine de venir me conduire, mais afin de m'épargner un peu de fatigue, sa complaisance n'avait pas même été jusqu'à m'aider dans le transport de ce qui m'était indispensable ; aussi ce jour-là avais-je fait six fois le trajet de Rock-House à la lagune, ce qui équivalait au moins à six lieues.

Son indolence, sa paresse, pourrais-je dire, m'avaient exaspéré à ce point, que je pris la résolution de lui jouer un tour auquel il ne s'attendait guère dans le cas où ma campagne aboutirait à une déception, et voilà le plan qui me trottait dans la tête tandis que je le laissais tranquillement assis à la table du Mexicain : « Si je ne tue pas assez de gibier pour être récompensé de ma peine, me dis-je, au milieu de la nuit de demain à après-demain je débarque sans bruit sur la rive opposée à celle où je l'ai quitté, d'un coup de pied j'envoie la baleinière à la dérive, et, longeant les bords de la mer, je gagne la ramatte et les amis de la sierra de San-Bruno. » C'était bien là, en effet, ce qu'il m'aurait fallu faire ; mais son indifférence précisément m'empêchait de prévoir les suites que lui, de son côté, devait donner à notre association.

Ma baleinière était beaucoup trop élevée au-dessus

de l'eau pour qu'il me fût possible de chasser la sauvagine, comme on le fait au moyen de bateaux excessivement plats, c'est-à-dire en avançant directement
sur les bandes d'oiseaux; d'ailleurs le mouvement
des longs avirons dont j'étais obligé de me servir,
n'aurait pas manqué d'éveiller leur défiance après
qnelques coups de feu. Ce que je comptais faire n'é-
tait donc autre chose qu'un affût à la hutte, mon
embarcation étant parfaitement dissimulée sous des
roseaux, mais à la hutte flottante, destinée à changer de place suivant les circonstances.

Dès que je fus sorti des joncs qui formaient une
ceinture autour de l'immense pièce d'eau, je mis le
cap sur deux îlots couverts de hautes herbes, situés
à douze ou quinze cents mètres de mon point de départ, et à moitié à peu près de cette distance du lieu
où, dans les grandes marées, la mer, passant par-
dessus une étroite grève, mêlait ses eaux à celles de
la lagune.

Je ne crois pas que jamais capitaine, sentant pour
la première fois une belle frégate se mouvoir à son
commandement, ait éprouvé une joie pareille à la
mienne, quand je me vis définitivement entrer en
campagne; en effet, les préoccupations, la respon-
sabilité, le souci de l'avenir, ne pouvaient en aucune
façon contrebalancer le plaisir que je me promettais.

Autour de moi des milliers d'oies, de canards, de
sarcelles, de plongeons de toutes les espèces; des
cygnes, des pélicans, des cormorans, volaient, na-

geaient, s'ébattaient; aussitôt que je cessais un instant de ramer, leurs bandes s'approchaient à demi-portée de fusil et ne témoignaient pas la moindre défiance; quant aux foulques et aux poules d'eau, il m'arriva à différentes reprises de couper leurs longues files sans qu'une seule prît le vol.

En présence d'un spectacle aussi nouveau et attrayant, le motif qui m'avait conduit s'effaçait pour faire place à un étonnement que tout le monde eût éprouvé. Cependant, à côté de la curiosité satisfaite du voyageur, ne pouvaient manquer de surgir les instincts du chasseur. C'est ce qui arriva quand une nombreuse troupe d'oies sauvages, après avoir plané, vint s'abattre à soixante mètres au plus de mon embarcation. Laissant aller les rames, m'étendre à plat sur les roseaux entassés au fond du bateau et saisir ma canardière très-fortement chargée avec des chevrotines, fut l'affaire d'une seconde; puis je me relève sur les genoux pour dominer au-dessus des bordages et des joncs qui les masquaient, en glissant parmi ces derniers le canon de mon arme; je n'avais plus qu'à épauler et ajuster au plus épais de la bande toujours immobile. Et voilà que tout à coup surgit, à toucher les oiseaux, une boule de couleur brune dont il m'est impossible de définir la nature; à la distance qui m'en séparait on eût dit une tête d'homme. Aussitôt un corps, volumineux sans doute, imprime une telle agitation à l'eau, qu'en dépit de l'éloignement ma baleinière est violemment agitée, et que les palmipèdes effrayés prennent la fuite et vont se reposer beaucoup plus loin. La vision s'était si promptement évanouie que, sans ces deux circonstances, j'aurais réellement pensé avoir été le jouet d'une illusion.

Durant dix minutes je restai sans remuer, rien ne reparut; la surface du lac avait repris son immobilité que troublaient seulement autour d'eux, en nageant, ses hôtes habituels. La brume du soir commençant à s'élever, je déposai mon arme, et en forçant sur les avirons pour rallier l'îlot sur lequel j'allais passer la nuit, je me creusai en vain la cervelle, impossible de répondre d'une manière satisfaisante à cette question : Qu'ai-je vu? Aucune de mes suppositions n'était admissible. Ma première idée fut que c'était une loutre; mais une loutre n'aurait jamais laissé voir au-dessus de l'eau une pareille apparence.

Je ne pouvais supposer avoir vu un poisson; quelques cétacés seuls se montrent ainsi à découvert, et la lagune, selon moi, ne devait pas en contenir; d'ailleurs cette tête ronde n'appartenait à coup sûr à aucun individu du genre. Tout bien considéré, ce qui me restait de mieux à faire c'était d'attendre de l'avenir le mot de l'énigme, et les lecteurs qui ont voulu me suivre depuis le commencement de ces récits, comprendront, j'en suis persuadé, qu'il m'était déjà en peu de jours arrivé assez de faits extraordinaires pour me blaser sur l'imprévu.

La nuit allait venir; je ne pouvais pas penser à commencer la fusillade, car les blessés se fussent inévitablement échappé. Je me hâtai donc d'atteindre l'îlot le plus rapproché.

Ce n'était qu'un petit massif de ces joncs hauts et épais que les Indiens de la contrée appellent *tulares*, et reposant sur un étroit banc de vase dont la surface n'eût même pas porté le poids d'un homme sans les tiges pressées que le pied était forcé de broyer pour s'appuyer.

A peine avais-je fait deux pas, que plusieurs superbes loutres marines, troublées dans leur silencieuse retraite, se frayaient brusquement un passage parmi les roseaux et se rejetaient bruyamment dans l'eau.

Peut-être en restait-il d'autres dans ce lieu si bien fait pour les abriter? Je pris mon fusil, prêt à tout événement, et je fis bien; dix enjambées m'avaient fait traverser mon île, je touchais au bord, lorsqu'une loutre sort, à me toucher, de dessous un épais fouillis de joncs et d'herbes renversés, et gagne précipitamment la lagune : sans ajuster, sans même porter mon arme à l'épaule, je n'en avais pas le temps, je lâche un coup de feu dans sa direction pendant qu'elle plongeait. L'avais-je touchée, je n'oserais l'affirmer, tant je me trouvais dans de mauvaises conditions, et cependant la bête, au lieu de disparaître définitivement, après son plongeon revint à fleur d'eau en soufflant et le corps entièrement allongé;

quoiqu'il ne me fût possible de la distinguer qu'imparfaitement à travers les roseaux, mon second coup porta juste, et elle reçut en plein sur la tête une forte charge de double zéro; mortellement blessée, elle eut encore la force de se débattre en tournoyant dans les herbes et j'eus peur de la perdre; mais quand j'arrivai sur elle avec l'embarcation, elle ne donnait plus aucun signe de vie, et je fus bien fier de la réussite. J'avais tué une énorme loutre marine, dont la taille dépassait de plus d'un tiers celle qu'atteignent ces animaux dans nos contrées. Il ne me fut pas possible de vérifier quel était au juste son poids; toutefois, je ne crois pas exagérer en le portant à quarante ou quarante-cinq livres. Si le jour ne m'avait pas manqué, je me serais mis immédiatement à la dépouiller; dans la crainte de détériorer une si belle fourrure, je remis la besogne au lendemain, en gardant l'espoir que la lune qui allait éclairer la nuit me permettrait peut-être d'en tirer une autre, puisque j'étais admirablement placé pour cela.

Tout en rechargeant mon arme, je contemplais dans un profond ravissement les autres habitants de la lagune que l'explosion avait effrayés. Leurs troupes, serrées, mêlées, passaient, repassaient au-dessus de moi dans la brume. J'entendais sans discontinuer les battements et les sifflements de leurs ailes, puis leurs cris d'appel lorsqu'ils étaient appuyés; enfin, après le bonheur qui avait présidé à mon début, je n'aurais pas évalué le résultat du lendemain à moins de cent pièces, et encore, qu'était ce chiffre comparé à tout ce qui m'entourait? Ce fut donc au milieu des plus brillantes espérances que je m'étendis pour dormir au fond de mon bateau et soigneusement enveloppé dans ma couverture de laine, qui devait me préserver de l'humidité et de la fraîcheur.

Vouloir se reposer en pareille occurrence se comprend bien, mais le pouvoir est autre chose. J'eus beau y mettre toute la bonne volonté possible, il n'est pas donné à tout le monde de dormir la veille d'Austerlitz, j'en fus donc pour l'intention. En vain je me tournai, me retournai en tous sens ; impossible, non de fermer les yeux, mais de faire taire l'imagination. Quelle étrange position pour le corps et l'esprit!!!

Ce complet isolement au milieu de l'immense pièce d'eau, les cris discordants des oiseaux agitant la surface, le grondement confus de la mer, dont un quart de lieue à peine me séparait; sur les rives, les voix de leurs hôtes sauvages qui m'arrivaient; par intervalles le sifflement aigu des loutres, quelquefois même le clapotis de l'eau causé par leurs jeux. Tout cela formait un si merveilleux ensemble, que mes lecteurs me comprendront si je leur dis que la soirée était déjà bien avancée, pendant qu'accroupi à l'arrière de mon embarcation, mon fusil en main, l'œil au guet, je demeurais immobile, entièrement absorbé par la conscience d'une aussi pittoresque

situation; mais je n'en avais pas fini avec le merveilleux, et un incident nouveau et d'abord inexpli-
cable ne tarda pas à sortir mes idées du vague dans
lequel elles flottaient indécises, en venant me rappeler à la réalité.

XV

LES PHOQUES.

Je m'expliquais sans peine les bruits qui se faisaient entendre autour de moi, depuis le frémissement des roseaux agités par le vent, jusqu'aux notes
prolongées des voix de loups qui, à cette heure,
exploraient les abords de la lagune sur laquelle s'é-
levaient les cris variés de ses hôtes emplumés. Tout
cela produisait un concert dont la sauvage harmonie
se trouvait admirablement en rapport avec l'endroit
où elle surgissait. Voilà pour l'oreille : quant aux
yeux, ils auraient vainement cherché les hautes terres
encadrant le bassin du lac, leurs contours s'étaient
depuis longtemps fondus dans l'obscurité. A l'entour
de mon bateau, la lune, bientôt au plein, tamisait
sa pâle lumière à travers un épais brouillard, de

sorte que sur un étroit espace, loin de m'apparaître scintillante, la surface de l'eau m'offrait l'aspect d'une glace dépolie; mais, par intervalles, des bouffées de brise faisaient flotter le voile humide de la brume, et ridaient les flots qui bruissaient sur les flancs de ma baleinière.

La monotonie de tout ce qui m'environnait avait plongé mes sens dans un état d'allanguissement précurseur du sommeil, lorsque des hurlements rauques éclatèrent tout à coup dans la direction de la mer; pour avoir une idée de leur puissance, que l'on se représente un chien criant au perdu avec la plénitude des mugissements d'un taureau.

Tantôt le vacarme semblait résulter d'un nombreux ensemble, tantôt une voix seule se faisait entendre, se terminant alors par un expression plaintive, et certainement les auteurs de l'effrayante symphonie, hommes ou bêtes, approchaient, puisqu'en même temps j'entendais battre l'eau et que de petites lames berçaient déjà mon embarcation et fouettaient les joncs parmi lesquels elle était mouillée.

J'ai fréquemment éprouvé dans mes voyages des surprises émouvantes; cependant, il en est bien peu qui m'aient aussi vivement impressionné que cette alerte de trop courte durée, ce que j'attribue avec raison à la somnolence qui s'était emparée de mon esprit et de mon corps à la suite d'une longue attente.

Quelqu'un m'eût en ce moment annoncé la visite du diable, que, sans le démeutir, je me serais préparé à saluer l'infernale Majesté... à coups de carabine bien entendu; car, sans m'en apercevoir, instinctivement, j'avais laissé mon fusil pour prendre cette excellente arme, toujours mon *ultima ratio* en pareille occurrence.

J'attendais donc très-froidement, mais fort curieux de savoir à qui j'aurais affaire, tandis que le tapage et sa cause approchaient de plus en plus.

Malheureusement l'incertitude dura trop peu; en effet, pour ceux que le sang-froid et la confiance en eux n'abandonnent pas, ces moments de doute ont un charme inexprimable; mais avant de les voir, au souvenir de la tête ronde entrevue dans la soirée, aux hurlements devenus plus distincts, je devinai la nature de mes visiteurs; c'étaient des phoques. A peine le mot m'était-il venu sur les lèvres, que trois d'entre eux, contournant l'îlot qui me les avait masqués, s'avançaient précisément sur moi, comme s'ils eussent voulu tenter l'assaut de ma barque, mal leur en prit; ils venaient probablement se reposer parmi les joncs qu'ils touchaient déjà, quand à trois ou quatre pas je fis feu sur le plus avancé. A la détonation de mon arme tous disparurent, mais en faisant de tels bons, de telles cabrioles, que je fus presque entièrement mouillé par l'eau que bouleversaient leurs évolutions.

Je peux, au reste, dire de suite ce qui ne fut pour

16

moi une certitude que plus tard, ma balle avait rudement touché celui que j'avais visé.

Quinze jours après, étant avec André sur le bord de la mer non loin de là, et en quête d'une fort grosse tortue que la marée avait rejetée comme épave et par moi découverte précédemment, nous rencontrâmes le cadavre d'un phoque dans un état de décomposition très-avancée; à peine si les miasmes infects qui s'exhalaient de l'énorme amphibie me permirent de constater ses dimensions; il pouvait mesurer une douzaine de pieds de longueur et était presque aussi gros qu'un cheval; nous supposâmes que c'était ma victime.

Deux fois par mois, en effet, aux époques des grandes marées correspondant avec les nouvelles et pleines lunes, ces animaux, s'éloignant du groupe des rochers de la côte connus sous le nom d'îles *Farrallones*, suivaient les flots de la mer qui les portaient dans les eaux de la lagune, alors très-poissonneuse.

Après ce dernier incident de ma nuit, il me fut possible de dormir assez longtemps pour rêver que je reposais sur des monceaux de sauvagines qu'un ours cherchait à m'enlever, je n'avais pas d'arme et toute ma défense se bornait à boxer avec la bête vorace; quand le réveil vint à mon aide, je tenais ma loutre de la veille et mes doigts crispés s'enfonçaient dans sa moelleuse fourrure.

Il me fallut un moment m'étendre, m'étirer, m'a-

giter pour assouplir un peu mes membres raidis par
le froid et l'humidité; j'aurais été fort heureux d'a-
voir près de moi un peu de terre solide sur laquelle,
en marchant, j'aurais rappelé la chaleur, je dus me
contenter de me mettre le feu sur les lèvres en al-
lumant ma pipe, et de me brûler l'estomac en ava-
lant une gorgée de l'affreuse liqueur que Petro m'a-
vait vendue sous le nom de *fine champagne*.

Loin de s'être dissipée à l'approche du jour, la
brume était devenue tellement intense que je ne
voyais rien de ce qui m'entourait, seulement j'entendais caqueter les canards à toucher ma baleinière; dans le but d'user le temps je dépouillai ma
loutre; j'avais fini quand le brouillard se changea en
une petite pluie fine et serrée peu agréable à recevoir, mais qui fut la bien-venue, puisqu'aussitôt je
pus me dire, en couchant ma forte canardière sur
le bord du bateau: enfin! voici l'heure.

Aussi loin que s'étendait ma vue (à peu près cent
cinquante à deux cents mètres), l'eau disparaissait
sous les bandes pressées, compactes, des oiseaux
aquatiques; au premier rang une troupe d'oies s'approchait en fendant les lignes des canards, des sarcelles, des millouins, des souchets, des garots; on
eût dit un convoi de vaisseaux de haut bord cinglant
au milieu d'une flottille de légers bâtiments. A l'entour, disséminés en éclaireurs, les plongeons allaient, venaient, tantôt au fond, tantôt à la surface,
qu'ils quittaient bien vite après avoir deux ou trois

fois secoué la tête, donné un coup de bec à leur plumage, pour s'enfoncer de nouveau; plusieurs vinrent se relever si près de moi, qu'il m'eût été possible de les assommer avec un aviron. J'avais mieux à faire; je juge que soixante pas au plus me séparent des oies, dont la tête de colonne a obliqué vers ma droite, ce qui me permet de les prendre en écharpe; je vise à la ligne de flottaison et je fais feu.

A peine ai-je eu le temps d'entendre l'explosion de mon arme, qu'elle est couverte par le bruit des milliers d'ailes qui se déploient et battent l'air, on dirait le lointain roulement du tonnerre. Je n'ai pas bougé, la fumée de la poudre se dissipe lentement, et je peux enfin, tout en bordant les avirons, jeter un regard sur le champ de bataille. Chose étrange, tandis que je nage vigoureusement pour m'en approcher, parmi les morts et les blessés s'appuient encore un grand nombre d'oiseaux qui ne partent que lorsque je suis pour ainsi dire sur eux; là, je ramasse d'abord quatorze oies tuées sur le coup, j'en achève cinq à l'aide d'une rame; à trois autres moins grièvement atteintes et qui fuyaient en nageant, j'envoie une charge de petit plomb dans la tête, en outre, plus au large, j'en trouve encore cinq sans vie et j'en vois fuir quelques autres démontées que je ne peux atteindre. En même temps j'ai également ment pris possession d'une dizaine de canards de plusieurs espèces, de sorte que le résultat de mon premier coup de canardière fut de trente-sept pièces,

se décomposant en vingt-sept oies et dix canards;
c'était un beau début, qui eût été encore plus complet, si j'avais eu la précaution d'augmenter la charge
ordinaire de ma canardière, formée de soixante-dix
grains de triple zéro.

Malheureusement je ne tardai guère à m'apercevoir qu'il me serait impossible de pratiquer longtemps ce mode de chasse; obligé d'avoir sans cesse
en main deux avirons de dix pieds de longueur chacun, de courir de l'avant à l'arrière de la pirogue;
lorsque j'eus ramassé mes victimes, je me sentis
harassé de fatigue et inondé de sueur, malgré la
fraîcheur de la température. Mes bras étaient surtout déjà endoloris à ce point de donner aux rames
une pesanteur insupportable; pour continuer un pareil métier il aurait fallu être deux. Malgré cette
conviction, je ne pensai pas à aller réclamer l'aide
de mon associé, dont la conduite avait soulevé dans
mon esprit de telles préventions que je l'aimais
mieux au loin qu'auprès.

Durant le cours de ma longue campagne, pendant
laquelle j'ai parcouru presque toujours à pied, portant mon bagage et mes armes, la Nouvelle-Californie, j'ai recueilli le souvenir de rudes journées, mais
jamais je ne me suis ressenti le corps brisé comme
le soir de ce jour. Lorsque le soleil se coucha, toute
la largeur de la lagune me séparait du point où je m'é-
tais embarqué, et, s'y j'avais eu la force d'y conduire ma baleinière, je me serais de suite rendu

16.

chez Petrö; mais il m'était impossible de le tenter. Mes mains étaient ampoulées, mes bras me refusaient le service, tout mon corps était courbaturé, et les cent cinquante-huit pièces, sans compter la loutre, que j'avais tuées, me paraissaient en ce moment une maigre récompense pour tant de peine.

Quant aux appétits du chasseur, oh! ma foi, ils étaient assouvis, si bien, que s'il m'avait été permis d'espérer doubler, d'un seul coup de fusil, le produit de ma chasse, je n'aurais pas essayé de le faire, tant j'étais anéanti.

Pour alléger un peu l'embarcation, je l'avais débarrassée du fardeau des joncs verts qui la garnissaient, et je passai la nuit sur un sommier d'oies et de canards. Ainsi installé, me trouvai-je bien ou mal? je n'en sais rien : ce qui est positif, c'est que, lorsque le lendemain je me réveillai, le soleil était levé, j'avais dormi au moins dix heures sans une minute d'interruption. Je fus d'ailleurs bien agréablement surpris de ne plus ressentir dans tout le corps, et surtout dans les reins, les intolérables douleurs de la veille; seulement, mes bras étaient légèrement enflés et encore engourdis. Pour remédier aux ampoules et aux gerçures des mains, j'usai d'un excellent procédé : j'avais remarqué que toutes mes oies étaient couvertes d'une épaisse couche de graisse; j'en écorchai une et je me fis des frictions qui me procurèrent de suite un sensible soulagement.

Je livre ce moyen curatif à mes lecteurs, avec l'espoir pourtant qu'ils ne seront pas obligés, pour l'obtenir, de se donner autant de peine que moi.

Ce n'est pas, en effet, une petite affaire que d'avoir à faire évoluer tout un jour une embarcation de vingt-cinq à vingt-six pieds de longueur; d'autant plus qu'il m'arriva plusieurs fois, après avoir tiré sur le bord des joncs qui formaient une ceinture presque impénétrable autour de la lagune, d'être obligé de me frayer, dans leurs massifs, un passage en quête du gibier qui n'était pas resté foudroyé sur place. Dans les derniers moments, j'éprouvai tant d'épuisement que je crois avoir laissé cachées sous les herbes au moins une quarantaine de pièces, sans compter celles qui, après s'être envolées, étaient tombées raides mortes au milieu.

J'affirme donc, sans exagérer, que si nous eussions été deux, manœuvrant avec ensemble, nous aurions au moins rapporté deux cent cinquante à trois cents pièces.

Je regrette de ne pas trouver sur les notes que je consulte le nombre de coups de fusil que je tirai; mais il fut très-restreint, puisque, si ma mémoire est fidèle, j'obtins du moins favorable une douzaine de sarcelles, mais plus forte que notre sarcelle commune d'Europe, avec un plumage moins varié et d'un gris plus clair.

Dans le total que j'ai donné, je n'ai pas fait figurer deux pélicans tirés au vol avec ma canardière et abattus d'un seul coup; trois hérons et un grand aigle

marin que je tuai au moment où il s'élevait lourde-
ment au-dessus des joncs avec un magnifique canard
blessé dans ses serres; j'en tirai encore un autre qui
fut tomber sur le rivage où je le laissai.

Souvent, depuis cette mémorable journée, revenu
au fond de ma campagne, j'ai passé de longues
heures d'affût au bord de ma petite rivière, guettant
quelques canards sauvages clair-semés et dont l'apparition avait suffi pour mettre sur pied les braconniers du pays plus nombreux qu'eux, et cela sans
avoir seulement l'occasion de porter mon fusil à l'é-
paule, eh bien! dans ces moments d'attente infruc-
tueuse que peuvent seuls endurer ceux qu'anime la
passion de la chasse à la sauvagine, le souvenir des
détails que je viens de raconter faisait envoler le
temps avec une rapidité inouïe, et en dépit de la
neige, de la glace et de la bise dont le souffle me
gelait les oreilles, je voyais encore tourbillonner devant moi les innombrables habitants de la grande
lagune sur laquelle je retourne en toute hâte.

J'ai franchi la moitié de sa largeur, mes mains
et mes bras ont retrouvé leur vigueur, leur élasticité;
ma baleinière, sous l'effort simultané des rames,
glisse rapidement vers le but; je commence à éprouver l'heureuse impression du chasseur qui après une
course pénible, mais fructueuse, oublie les guérets
fangeux, les ronces des buissons, en caressant d'un
regard satisfait le carnier dont la rotondité atteste
son adresse. Encore quelques minutes et je vais je-

ter aux pieds de M. William mieux que le contenu
d'un carnier, des oies et des canards à brassées. Je
l'aperçois précisément au-dessus du ravin vers lequel je me dirige, il est en compagnie du Mexicain
Petro, ils m'attendent et agitent leurs mouchoirs en
signe d'appel. Je pèse sur les avirons, me voilà
rendu !

— Le diable m'emporte ! s'écrie mon associé, si
nous ne vous avons pas cru noyé en ne vous voyant
pas revenir hier soir, n'est-ce pas Petro? Un signe
affirmatif de celui-ci m'atteste qu'il avait partagé
cette opinion.

—Pourquoi n'êtes-vous donc pas revenu hier? vous
ne savez donc pas que le gibier ainsi entassé s'é-
chauffe et peut se perdre? diable ! ce n'est pas tout
que de le tuer, il faut le vendre, mon cher, il faut le
vendre.

Une aussi stupide manière de me rappeler au posi-
tivisme d'un métier pour lequel je n'eus jamais de
vocation, celui de marchand de gibier, me froissa
tellement, que sans répondre à l'interpellation, je
déclarai de suite ne plus vouloir retourner sur la lagune; une explication s'en serait suivie, quand notre
hôtelier, qui aidait au déchargement prit la peau
de ma loutre sous ma couverture; à peine M. William l'eut-il aperçue que, s'en emparant, il me
dit:

— Comment, mon cher, ne plus retourner sur la
lagune, quand on y tue des bêtes comme celle-là;

mais vous ne savez certainement pas combien je les vendrais?...

Sans lui laisser le temps de finir et lui enlevant la fourrure des mains :

— D'abord, lui dis-je, la loutre est à moi et vous ne la vendrez à aucun prix ; je vous demanderai seulement de la remettre à l'adresse que je vous donnerai : je veux conserver cette peau en souvenir de ma chasse sur la lagune, et, plus tard, quand je serai de retour en France, elle me fera encore penser au plaisir que j'ai eu à faire votre connaissance.

Je ne me gênai nullement pour donner à ces derniers mots une expression ironique ; je fus donc très-surpris lorsque M. William me repondit en riant :

— Comment, mon cher, vous ne supposez pas, je l'espère, que mon intention soit de vous contester le droit de réclamer tout ce qui pourra vous faire plaisir ; gardez la loutre et je serai fort heureux d'être votre commissionnaire en la donnant moi-même à qui vous voudrez.

S'il m'avait été facile jusqu'à ce moment de soupçonner les intentions de mon associé, mes craintes se fussent évanouies en le voyant accéder d'une manière si empressée à mes désirs ; toutefois pour le lier à un avenir que je regardais comme très-éventuel, je lui promis de lui faire part d'un plan que j'avais conçu, dans le but de rendre nos chasses encbre plus productives, dès qu'il serait de retour de la ville.

Pendant que nous finissions de décharger la baleinière, Petro fut chercher une petite charrette et une vieille mule qui lui servaient à apporter à Rock-House les approvisionnements qu'il achetait à San-Francisco. Grâce à ce moyen de transport, le gibier et mes armes furent bientôt rendus chez lui et après quelques difficultés, il consentit à nous louer deux piastres par jour la bête et le véhicule. Il nous fut très-facile d'arrimer dans la carriole les oies, les canards, et le soir même j'accompagnais M. William, qui conduisait d'une main sa rosse efflanquée, et guidait de l'autre la mule et la charrette. Voici lorsque je le quittai à deux milles à peu près de Rock-House, quelles furent ses dernières paroles :

— Allons, mon cher, au revoir demain soir, *sauf l'imprévu*, je serai ici de bonne heure avec cent piastres au moins dont vous ne serez pas fâché de recevoir votre part; vous entendez, cinq cents francs, et peut-être mieux, car je tiendrai les prix. En finissant, il enfourchait son cheval, appliquait un coup de fouet sur les oreilles de la mule, et cavalier et attelage s'éloignaient au trot, tandis que pour la première fois me venait à l'esprit une pensée que je formulais en ces termes à demi-voix : — Je suis volé, il ne reviendra pas..... Que pouvais-je faire? courir après lui, lui dire ma défiance, c'eût été ridicule; il aurait nié, je n'aurais pas pu affirmer; aller avec lui à la ville colporter dans les restaurants, les hôtels, notre marchandise et en recevoir le prix? l'une ou l'autre de ces alternatives ne pouvait me convenir; d'autre part,

mon amour-propre se mettant en jeu, me persuadait
presque que je ne serais pas aussi ridiculement dupé :
ne fallait-il pas, en effet, qu'il ramenât la charrette de Petro et puis sa baleinière ne restait-elle pas
sur la lagune à ma disposition..... Enfin, de quel
droit le soupçonner? parce que je le connaissais peu
et l'avais rencontré sur ce terrain de la Nouvelle-Californie, assez mal famé à l'époque? Mais lui-même ne
m'y avait-il pas trouvé et me connaissait-il davantage?...

Je n'en avais pas fini avec tous mes raisonnements
en arrivant à la porte du Mexicain, où m'attendaient
une agréable surprise, mais aussi la confirmation
de mes doutes.

Un groupe de trois personnes était arrêté près du
mur de clôture de la cour; à ma vue, un de ceux qui
le formaient s'en détache et s'avance tranquillement
vers moi qui cours à lui, car j'avais reconnu André,
et presque en même temps, les deux Américains qui
avaient amené la baleinière à Rock-House.

Pendant que je serre la main d'André et que je
manifeste mon étonnement de le voir, lui me prend
le bras et, me conduisant à l'écart, il me donne sur
sa présence l'explication suivante dont je crois presque rapporter textuellement les expressions tant elles
me frappèrent :

— Vous n'avez donc pas dit à Petro ni à votre associé que vous nous aviez rencontré dans la sierra?

— Non, personne ne le sait.

— Vous avez bien fait, puisque les deux Yankees avec lesquels j'arrive, ignorant que nous vous connaissions, nous ont raconté le tour que veut vous jouer votre compagnon... Mais où est-il?

— Parti avec une pleine charrette d'oies et de canards que j'ai tués, il en emporte au moins pour cent piastres (cinq cents francs).

— Et vos armes?...

— Oh! tout est ici.

— A la bonne heure; quant à vos cent piastres, vous n'en verrez jamais un réal, vous êtes volé, je suis malheureusement arrivé trop tard. Les deux Américains que vous voyez, de qui nous tenons ce que je vous dis, sont ceux qui toutes les semaines nous achètent notre gibier, la baleinière dont vous vous êtes servi est à eux, et ils comptent la prendre pour chasser sur la lagune.

— Comment, m'écriais-je en l'interrompant, ils vont prendre l'embarcation dont j'ai payé le transport et qui m'a coûté une journée de rude travail, et l'on va me voler ce qui me reviendra pour ma part de la vente du gibier que j'ai tout tué... oh! c'est trop fort!... nous verrons si les choses se passeront ainsi.

— Que ferons-nous pour l'empêcher?

— Ce que je ferai? Je... je...

— Non, *nous*, s'il vous plaît, puisque les amis, en apprenant ce qui se passait m'ont envoyé pour vous

17

venir en aide si vous en aviez besoin ; mais vous n'avez
pas, je le crois, de plan bien arrêté ; dès lors, sauf
meilleur avis, permettez-moi de vous donner un conseil ; quittez là toute cette canaille et partons de suite
pour la ramatte ; je vous assure que plus tard vous
retrouverez l'occasion de leur prouver votre reconnaissance et nous serons là pour vous donner un
coup de main s'il le faut.

Je ne tardai pas à me convaincre que c'était en
effet la seule chose à faire, puisque les Américains
venus avec André, et Petro lui-même, ne se gênèrent
pas en me confirmant ce que je venais d'apprendre.
Après ce qu'ils me dirent, il eût été trop niais de
rester à attendre M. William ; quant à le chercher,
outre l'incertitude de le rejoindre dans un pays
comme celui où nous nous trouvions, à une époque
où on se rendait justice à soi-même, il eût pu surgir
de la rencontre un fâcheux conflit ; je ne voulais pas
m'y exposer, et encore moins mettre en jeu André
qui ne m'aurait pas quitté. Nous convînmes que sous
peu de jours nous ferions ensemble un voyage à
San-Francisco, un peu pour nos affaires, un peu
dans l'espoir d'y rencontrer mon ex-associé, alors
moins sur ses gardes. En attendant je confiai au
Mexicain, à coup sûr son complice, un billet pour
lui, en le priant de le lui remettre lorsque le lendemain il irait chercher sa charrette et sa mule
dont il paraissait fort peu inquiet. Je ne le trans-
crirai pas ici littéralement, les termes en étaient trop

expressifs, et je me borne à dire que je l'invitais à
ne plus se trouver désormais sur mon chemin.

A la nuit tombante, André chargé de ma canardière et d'une partie de mes munitions, moi portant
le reste, mon fusil et ma carabine, nous quittâmes
la baraque de Petro, et la sympathie si bien méritée
que m'avaient déjà inspirée ceux avec qui j'allais
entreprendre la seconde étape de mes courses, me
fit promptement oublier la déception subie, il ne
m'en resta que le souvenir d'une leçon à laquelle je
dus souvent, plus tard, une sage défiance.

XVI

UNE VACHE ENRAGÉE.

Quoiqu'il soit très-excusable de pécher par igno-
rance, et très-souvent toléré même de le faire par
imprudence, je ne puis me pardonner d'avoir accepté
si à la légère le compagnonnage de M. William.

Dire que huit jours durant je me suis laissé appeler
par lui : *Mon cher ;* que j'ai échangé avec lui plus
d'une poignée de main ! sur ma parole, ce serait à
se mettre soi-même en quarantaine, pour se purger
de l'infection.

Heureusement que je n'ai pas à redouter d'effet
contagieux ; car, depuis que je sais au juste à quoi
m'en tenir sur le compte de ce vilain homme, il me
fait horreur...

William, James, enfin le porteur de bien d'autres

noms encore, dont il change suivant les circonstances, est tout simplement un de ces malfaiteurs de la
pire espèce, comme il en est venu de toutes les parties du monde, attirés par l'appât de l'or et par le
désordre incroyable au milieu duquel se débattent
encore ici toutes les classes de cette société dans
l'enfance.

Après avoir exercé sur les placers une foule d'in-
dustries peu avouables, signalé par de nombreux
méfaits à la vindicte des mineurs, il a été contraint
d'abandonner la région aurifère, pour se dérober à
une justice expéditive qui ne plaisantait pas dès que
les hauts-faits de pareils vauriens étaient avérés.

Maintenant, quoiqu'il me tarde d'évoquer de plus
riants souvenirs, puisque je suis revenu sur ce sujet,
mes lecteurs me permettront de leur raconter ma
dernière entrevue avec l'individu en question. C'est,
après tout, un assez curieux aperçu des mœurs de
certaines gens en Californie, à l'époque dont je
parle; mais pour ne laisser à personne cette pensée,
qu'en cherchant à revoir cet homme je pouvais nourrir l'espoir de lui arracher une partie de ce qu'il
m'avait volé, il me suffira de dire ce que je savais
déjà : j'aurais pu voir du sang sur les piastres qu'il
m'aurait remises et qui, peut-être, n'aurait pas été
du sang d'oies ou de canards sauvages... Je n'avais
qu'une idée fixe pour me venger de son infâme contact : le rencontrer n'importe où et lui jeter à la face
ce mot : Voleur !

Nous étions convenus qu'André m'accompagnerait à la ville, lui-même avait besoin de s'y rendre, pour faire faire une réparation à la détente de son rifle, devenue d'une dureté insupportable. En conséquence, un matin, vers trois heures, nous sortîmes sans bruit de la ramatte, laissant, plongés dans un profond sommeil, nos camarades à qui nous avions la veille fait nos adieux, en échange de leurs recommandations vingt fois répétées, d'être prudents et promptement de retour.

Ne voulant pas entreprendre de parcourir d'une seule traite les quarante-cinq milles qui nous séparaient de San-Francisco, d'autre part, décidés à ne pas nous arrêter à *Rock-House*, chez Petro, nous nous étions dit que nous irions coucher à la Mission de Dolorès où nous serions certains de trouver un gîte pour passer la nuit, et de là, nous devions être rendus de bonne heure à la ville. Toujours est-il que nous avions ce jour plus de douze lieues à faire, et afin d'abréger cette longue distance, au lieu de suivre la route, nous prîmes, dès le départ, à travers la campagne.

André n'était pas de ces fous qui, le matin, usent imprudemment des forces dont l'exercice doit être longtemps soutenu, et qui très-souvent restent en deçà du but, ou y arrivent exténués; aussi, tandis que nous gravissions la pente rocheuse séparant notre vallée de la plaine, me donnait-il des conseils dont j'ai pu souvent constater la raison.

— Monsieur Henry, me disait-il, une bonne habitude, parmi nous, qui passons notre vie à marcher,
c'est de faire de manière à n'être jamais fatigués, et
toujours prêts, le soir aussi bien que le matin, à pouvoir enjamber huit ou dix milles rapidement. Ici,
voyez-vous, ce n'est pas comme sur vos routes de
France où, à point nommé, on trouve un repas et
un lit d'autant meilleur que l'on a plus faim et que
l'on est plus las. S'éreinter dans votre pays, ça se
comprend : on sait, après tout, au juste où finira la
corvée, qui n'est jamais plus dure qu'on ne veut;
mais, dans nos déserts, c'est une autre affaire. Vous
vous êtes dit : « Je m'arrêterai là, » par ce que vous
supposez qu'il doit s'y trouver un abri pour vous
recevoir. Vous arrivez, l'estomac crie de joie, eh
bien! si les jambes crient de fatigue, vous êtes
perdu : les Indiens, le diable, ont emporté l'établissement; il n'en reste que des cendres et des charbons, et comme l'estomac, qui chantait tout à
l'heure, pleure maintenant, il faut, pour le consoler,
que les jambes le portent au galop quatre ou cinq
lieues plus loin. Ah! si nous allons un jour ensemble vers la Sierra-Nevada, vous verrez cela. En attendant, je vous dirai que, malgré que j'aie toujours ménagé mes jambes, j'ai vu des moments où j'aurais
donné mes bras, pour en avoir une paire de rechange...

A ces mots, je crus l'occasion favorable et, dési-
reux d'obtenir d'André quelques intéressants récits
dè ses nombreuses aventures :

— Vous seriez bien aimable, lui dis-je, de me raconter dans quelles circonstances vous auriez voulu, même au prix de vos bras, acheter le moyen de courir plus longtemps.

Mais, soit que je n'eusse pas assez gagné ses bonnes grâces, ou que la raison qu'il me donna fût réelle :

— Non, me dit-il. Plus tard, nous verrons; vous saurez que je n'aime pas à parler inutilement en marchant.

Néanmoins, ce refus de se rendre à mes désirs fut formulé sur un ton qui n'indiquait en aucune façon la mauvaise humeur qu'une indiscrétion n'eût pas manqué de soulever. Je dus me résigner à attendre, pour renouveler ma tentative, un moment plus propice.

Quoique le brave André fût encore jeune, son caractère présentait les traits saillants que m'ont offerts depuis, à un degré encore beaucoup plus prononcé, les vieux chasseurs des déserts de l'Amérique avec lesquels j'ai eu des relations. Au contraire de ces aventuriers fantaisistes qui, sans vous connaître, se plaisent à vous ennuyer par les récits impossibles de contes à dormir debout, qu'ils ont rêvés et dont ils ont toujours été les héros, ceux-là sont d'une sobriété de paroles que surpasse à peine leur énergique activité dans l'action.

Ils semblent croire que raconter devant vous, qui n'avez pas vécu de leur vie, les épreuves incroyables de la leur, serait parler une langue que vous ne

17.

comprendriez pas, ou satisfaire une profane curiosité. Il est loin d'en être ainsi, dès qu'ils se trouvent
en compagnie de leurs semblables ; dans ce cas tout
change, surtout pour peu que le vin et l'eau-de-vie
viennent encore exalter les esprits et délier les langues, alors les récits vont grand train.

J'ai eu une fois la bonne fortune d'assister pendant
deux jours à une de ces réunions, près des rives du
Mokelumnès, à l'endroit nommé Dobble-Spring, où
André et moi nous avions rencontré trois vieux chasseurs de fourrures, connaissances de mon compagnon, ce qui me procura l'avantage d'être admis
dans leur intimité, et je puis assurer que tout ce que
j'ai entendu raconter par eux d'histoires de chasses,
de combats avec les Indiens, aurait suffi pour remplir
un curieux volume : mais bien des mois et des centaines de lieues me séparent encore de ces scènes
étranges que j'entrevois à peine dans l'avenir.

Revenons donc au présent qui, lui aussi, a ses
charmes.

La partie de la plaine que nous traversons, loin
d'être uniformément plate, est coupée de tous sens
par des collines basses, aux pentes douces, aux sommets arrondis, couvertes çà et là de buissons ver-
doyants au milieu desquels le feuillage de la vigne
vierge et d'autres lianes colorées par l'automne, offrent toutes les nuances qui séparent le jaune pâle de
la teinte pourprée la plus vive. Au fond des vallées,
grâce à l'humidité des nuits et à quelques pluies

d'orage, le sol, brûlé par le soleil de l'été, se couvre d'un gazon épais et vert; dans plusieurs endroits, nous remarquons des fumées de cerfs venus la nuit au gagnage.

André me dit, en voyant leurs empreintes, que bientôt, quand ils auront pris un peu de graisse, nous pourrons en rencontrer sous les petits couverts de la plaine. Je ne manquerai certainement pas de vérifier le fait avant longtemps, d'autant plus que, faute de cerfs, je trouverai, pour remplir mon carnier, des lièvres, des lapins et surtout des perdrix dont nous voyons à chaque instant de nombreuses compagnies. Si la main de l'homme avait quelque part ici laissé sa trace, on se croirait, en vérité, dans un de ces parcs immenses comme peut seule en conserver encore l'aristocratie anglaise.

Tandis que je m'extasie à la pensée de l'avenir réservé à ces contrées, lorsque l'agriculture, l'industrie, seront venues en tirer les trésors que Dieu leur a confiés, André réprime mon enthousiasme en me disant : « Attendez donc que nous ayons visité les vallées des montagnes neigeuses, vous verrez autre chose. » Si je sais aujourd'hui qu'il avait raison, je sais aussi que je n'exagérais en rien, dans mes prévisions, l'incroyable fécondité de ce sol béni, puisque déjà les régions désignées sur nos cartes, il y a dix ans à peine, par ces mots : *contrées inconnues*, non-seulement n'importent plus du Chili, des États-Unis, la nourriture nécessaire aux nombreux émigrants qui

les peuplent, mais encore peuvent expédier à leurs
voisins des navires chargés de céréales.

A dix heures à peu près, mon compagnon donna
le signal de la halte sur les bords d'un aroyo qui coulait sous les frais ombrages des beaux arbres couvrant
ses rives; nous avions dépassé la moitié du chemin,
et de l'autre côté du ruisseau, commençait brusquement, sans transition, le terrain sec, pierreux, qu'il
nous fallait traverser pour arriver à la Mission de Dolorès, quand nous aurions déjeuné et pris un peu de
repos. Ce fut à cet endroit que se passa une scène
que je n'ai garde d'avoir oubliée, puisque je lui ai dû
sinon un moment de frayeur, au moins quelques instants de vive émotion.

Sur la rive du petit cours d'eau que nous longions,
cherchant une place convenable pour nous reposer,
s'étendait une zone entièrement couverte de hautes
tiges d'avoines folles et de moutarde sauvage. Afin
d'éviter la peine de les briser avec les genoux, nous
suivions une coulée frayée par les animaux errants
dans la plaine, quand tout à coup se levèrent devant
nous, une cinquantaine de taureaux, de bœufs, de
vaches, qui appartenaient à un rancho situé à une
lieue et demie de là. Pendant que la bande surprise
s'enfuyait en désordre, après nous être arrêtés une
minute, nous nous étions remis en marche, quand
nous vîmes les fuyards en une masse compacte, revenir sur nous au trot, en beuglant et la tête levée.
Je ne comprenais rien à ce retour offensif; mais

bientôt m'apparut le mot de l'énigme. André avait, ce jour-là, une magnifique chemise en laine rouge, qui lui servait de blouse, et dont l'éclat venait de frapper ces animaux en excitant leur colère. La cause trouvée, il ne s'agissait que de la faire disparaître.

— Otez votre chemise rouge, dis-je vivement à André, où ils vont nous passer sur le corps.

— Allons donc, reprit celui-ci, très-calme, n'avez-vous pas votre carabine? Mais vous ne tirerez qu'au dernier moment, car le plomb n'est pas fait pour ces folles bêtes.

En même temps, il agitait précisément sa blouse pour détacher le lasso qui lui servait de ceinture, dans l'espoir que la vue du terrible engin les mettrait en fuite; mais son attente fut trompée. Au lieu de fuir, dès que nous fîmes quelques pas en avant et tandis qu'il faisait tournoyer le nœud coulant qui sifflait en coupant l'air, nos ennemis avancèrent tumultueusement sur nous et vinrent s'arrêter tout au plus à trente pas. Devant tous les autres, se tenait toujours une superbe vache escortée d'un petit veau qui suivait tous ses mouvements; les taureaux eux-mêmes se montraient beaucoup moins acharnés, le lasso avait même paru déterminer chez plusieurs l'envie de reculer, mais la vache fit encore quelques bonds en avant, et toute la troupe, à sa suite, diminua la distance qui nous séparait.

Cette maudite bête, haute comme un bœuf limousin, était réellement magnifique avec sa robe fauve luisante, semée de bandes brunes, sa queue en l'air, agitant ses formidables cornes, pendant que les taureaux, derrière elle, grattaient le sol avec leurs pieds de devant et poussaient de rauques mugissements : elle avait, en vérité, l'air d'une furie.

Cependant, si beau que soit le spectacle, si on est menacé de voir des acteurs comme ceux qui nous le donnaient vous charger à fond, on fait de sérieuses réflexions.

Les miennes me portèrent tout de suite à dire à André :

— Allons-nous en, mon ami, allons-nous en ! mais je n'en obtins que ces mots :

— Non, non, ne bougez pas, il est trop tard, vous voyez cette vache endiablée ?

— Certainement.

— Eh bien ! quand elle sera à dix pas, logez lui dans le front une balle de votre carabine. Si la batterie de mon rifle marchait, je ne vous donnerais pas cette sotte commission ; mais, vraiment, j'aurais peur de ne faire que la blesser.

Tout ceci avait été rapidement dit, et à peine finissions-nous, que la vache bondissant, fonçait encore en avant, suivie par tout le troupeau, pour venir, cette fois, s'arrêter à peu près à quinze pas. J'avais levé ma carabine. . . . .

— Pas encore, pas encore ! me dit André, attendez qu'ils se remettent en marche, seulement ne per-

dez pas la vache de vue. A peine si j'entendis ces
dernières paroles au milieu du vacarme que formaient les mugissements, les cornes qui s'entrecho-
quaient, les pieds qui, creusant la terre durcie, faisaient voler la poussière ; la recommandation était
inutile, il me répugnait de tirer sur ces animaux ;
mais en ce moment vaches, bœufs, taureaux avaient
disparu, et je n'avais plus devant moi qu'un ennemi
implacable, me remettant en mémoire qu'il vaut
mieux tuer le diable que se laisser tuer par lui.
Quant à André, il était superbe de calme, et sifflo-
tait entre les dents l'air d'un chant de guerre des Indiens, ne s'interrompant que pour me dire à demi-
voix :

— Attendez, attendez, M. Henry.

J'attendais bien, mais à coup sûr, si j'eusse été
seul, je n'aurais pas attendu si longtemps, car je
sentais à la fin mes nerfs se crisper, l'impatience me
gagner, ce dont il faut toujours se défier en semblable circonstance ; il est en effet beaucoup plus facile
pour certaines natures de courir au danger que de
l'attendre, de le laisser venir pas à pas, sans aller
au-devant de lui. C'eût été dans notre position une
sottise, puisque André me dit après le dénouement,
qu'au moindre mouvement de notre part, tous nous
seraient passés sur le corps comme un tourbillon,
alors même que mon coup aurait porté.

Enfin j'entends :

— Attention, monsieur Henri !

Et au moment où un taureau a fait mine de vouloir dépasser la vache, celle-ci baisse la tête et fonce encore en avant. Ma foi je ne m'amusai pas à attendre qu'elle fût arrêtée, la pauvre bête tomba foudroyée par ma balle conique, qui n'avait pas dévié d'une ligne du point que j'avais visé. Au bruit de l'explosion, à la vue de sa chute, taureaux, bœufs, vaches tournèrent tête sur queue, et un galop effréné les transporta bientôt hors de vue; il n'était resté que le petit veau près de sa mère. C'était triste, mais qu'y faire?...

— Bien touché, me dit André en vérifiant l'effroyable blessure causée par le projectile, pourtant vous avez tiré trop tôt, ils allaient s'arrêter; sans cela, leur élan, malgré votre feu, nous les aurait mis sur le dos: c'est égal, je suis certain maintenant que vous pourrez, en toute confiance, faire face à un ours avec votre carabine.

Bientôt, peut-être, je prouverai à André qu'il n'a pas trop présumé de la puissance de mon arme, puisqu'à notre retour à la ramatte, nous devons nous mettre en campagne contre les ours, nos voisins, si nous acquérons la certitude à San-Francisco, de pouvoir tirer un bon parti de leurs dépouilles.

Le lendemain matin nous arrivions vers les huit heures à la ville, sans autre incident que celui que je viens de raconter. Mon premier soin fut de courir chez la personne à qui j'avais adressé ma peau de loutre, elle n'avait reçu ni la fourrure, ni la lettre qui l'accompagnait. Alors, dans l'espoir d'obtenir enfin des nouvelles de mon fidèle commissionnaire, je me rendis en toute hâte au café-restaurant de Paris; on n'a pas oublié que c'était là que j'avais entendu parler la première fois de ma bonne connaissance; mais l'établissement était fermé, et, d'après un des voisins, le propriétaire à qui l'invention des côtelettes de tigre en papillotte n'avait pas porté bonheur, était parti sans tambour ni trompette pour Honolulu, capitale des îles Sandwich, après avoir mis, comme on dit, la clef sous la porte.

Je jouais de malheur et ne pouvais plus qu'invoquer le hasard, si André de son côté n'avait rien appris. Nous nous étions séparés à notre arrivée, lui se mettant en quête d'un armurier pour son rifle, moi pour retrouver la piste du filou; nous nous étions, toutefois, promis de nous retrouver à l'heure du déjeûner sur la place d'Eldorado.

J'attendais donc en faisant les cent pas sous les vérandahs des maisons de jeu qui la bordaient le long de la rue Montgomery, quand je vis André descendre par la rue Kearney, et de suite j'augurai bien des renseignements qu'il m'apportait, puisqu'à peine m'eut-il reconnu, que lui, si grave d'ordinaire, accourut en riant au-devant de moi, et avant que j'aie pu l'interroger :

— Ah! monsieur Henry, me dit-il, ah! si vous saviez!... Quelle bonne plaisanterie!... Vraiment, il faut venir ici pour voir de pareilles choses.

— Qu'est-ce que c'est? lui demandai-je vivement, l'avez-vous vu?

— Lui, non; mais l'autre... ah! la plaisante affaire... j'ai rencontré Petro, le Mexicain, vous savez...

— Oui, oui, eh bien!

— Eh bien! figurez-vous que Petro le cherche comme nous; il paraît que votre voleur ne s'est point contenté du gibier, il a encore vendu la mule et la charrette de son confrère, qui est furieux et jure qu'il jouera du couteau s'il n'est pas indemnisé.

J'accueillis cette nouvelle preuve de l'effronterie de M. William, qui volait jusqu'à son complice, quoique chose ordinaire entre semblables gens, avec une certaine défiance; mais la scène dont je fus témoin le soir même, me prouva que Petro ne nous avait point trompé. En le quittant, André lui avait promis que nous irions tous deux le rejoindre à la nuit, près d'un lieu où se tenait, disait-il, M. William. Malgré que, toutes réflexions faites, il me répugnât fortement de me trouver encore en relation avec ces deux hommes, je cédai aux instances d'André, chez qui la pensée d'un conflit probable éveillait des instincts un peu sauvages, et quand nous nous séparâmes, je répondis affirmativement à ces paroles:

— A huit heures ce soir auprès du Grand-Wharf;

mais surtout n'oubliez pas vos pistolets, on ne sait pas ce qui peut arriver...

Je lui avais parlé d'une excellente paire de pistolets à deux coups, que j'avais jusqu'alors laissée à la ville.

— Et vous? lui dis-je.

Pour toute réponse, il me montra par la fente de sa blouse, le fer poli de la petite hache qu'il portait à sa ceinture.

Au temps dont nous parlons, s'opérait, vis-à-vis du mouillage de *Yerba-Buena*, la seconde transformation de la ville de San-Francisco, si toutefois il est déjà permis de donner le nom de ville à une réunion de tentes et de baraques en planches à peine dégrossies. Tout cela s'échelonnait, il est vrai, le long de rues bien tracées et coupées à angles droits, mais où la chaussée était souvent un profond cloaque, et les trottoirs, des douelles de tonneaux clouées sur des piquets enfoncés dans le terrain fangeux, et espacées entre elles de manière à exiger des passants des prodiges d'agilité et d'équilibre. Néanmoins, comme une race d'hommes énergiques et opiniâtres luttait contre ces obstacles naturels, ils furent promptement aplanis. Les plus grands efforts se portèrent d'abord vers le rivage de la baie, pour consolider la surface marécageuse du terrain, et même en conquérir un nouveau au dépens de l'Océan. Dans ce dernier but, de longues chaussées en madriers fixés sur pilotis s'avancèrent jusqu'à trois mille mètres

dans les flots. Ces *warfs*, ou débarcadères, étaient
presque tous bordés par de petites cahutes en bois.
Là se trouvaient des marchands, des cafetiers, des
restaurants, et même des tripots très-mal famés et
fréquentés par la lie de la population. C'était à la
porte d'un de ces affreux bouges que nous frappions
le soir de ce jour ; car Petro, qui nous servait de
guide, nous avait prévenus que nous allions y trouver M. William.

A l'encontre des brillantes maisons de jeu établies
aux abords de la place, telles que l'Eldorado, la
Louisiana et autres, dont les portes toujours ouvertes, offraient comme appât aux curieux, le luxe
éblouissant de leur intérieur et la vue des nombreuses pratiques qui y tentaient la fortune, ici tout était
clos et aucun bruit ne parvenait au dehors; seulement un groupe de cinq ou six personnes, station-
nant près de la porte, pouvait offrir un avant-goût
de ceux qui l'avaient franchie. C'étaient des Mexicains drapés dans de mauvais sarapes, leurs larges
sombreros rabattus sur leurs yeux; des Américains
aux vêtements débraillés, tous porteurs de véritables
mines de coupe-jarrets, et n'ayant dans leurs poches
d'autre monnaie que leurs longs couteaux et leurs
revolvers.

Cette enseigne de l'établissement m'inspira une
telle confiance, qu'immédiatement, sans les sortir
des vastes poches de mon paletot, j'armai les quatre
coups de mes pistolets pour être prêt à tout événe-

ment, je n'avais cependant pas la pensée que me prêta André, qui, averti par le bruit des ressorts, me dit très-sérieusement à voix basse :

— Ne le tuez pas tout de suite, monsieur Henry..

Je n'eus que le temps de lui répondre par un sourire qui dut le rassurer ; puisque la porte venait de s'ouvrir, et que nous entrions suivis par le petit groupe dont j'ai parlé.

Au fond de la pièce où nous nous trouvions, une trentaine d'individus au moins faisaient cercle autour d'une table de jeu, et, tous debout, nous masquaient les deux croupiers qui tenaient la banque. Ce ne fut pas sans peine que nous parvînmes à nous glisser au premier rang, comme des gens pressés de risquer leur enjeu. Je reconnus bien vite celui que nous cherchions, en dépit du changement qu'il avait opéré sur toute sa personne. Sa barbe inculte avait disparu, ses vêtements négligés avaient été remplacés par une vraie tenue de croque-mort : habit, gilet, pantalon, tout était noir ; sans sa diabolique physionomie et son occupation du moment, — il mêlait les cartes, — on eût pu le prendre pour un homme comme il faut. Enfin, je le voyais à mon aise et j'allais l'apostropher, quand le Mexicain s'écria :

— Eh ! James, me voilà ! qu'as-tu fait de ma mule, de ma charrette ?

A cette interpellation, la galerie tout entière avait porté ses regards de notre côté, et celui à qui elle s'adressait m'apercevant :

— Gentlemen, dit-il, permettez que je souhaite le bonjour à des amis. — Ah! mon cher associé, quel bon vent vous amène?

En même temps il tendait un bras dans ma direction en se penchant au-dessus de la table; mais pendant qu'il m'offrait la main gauche, la droite saisissait un revolver placé près de lui, à côté des cartes; ce mouvement ne m'échappa pas plus qu'à André, qui murmura à mon oreille :

— Dites vite à cette canaille ce que vous avez sur le cœur, et allons-nous-en; le sang me monte à la tête.

J'éprouvais la même impression, et, pour en finir, me tournant vers les joueurs, sans répondre à M. William :

— Gentlemen, leur dis-je à mon tour, d'une voix forte, cet homme me demande pourquoi je suis venu? C'est pour vous avertir que vous jouez avec un voleur !...

Je n'avais pas fini, qu'un affreux tumulte éclatait, et sans l'empressement que les deux croupiers mirent à couvrir l'argent et l'or qui étaient sur la table, je crois bien que le revolver aurait parlé; mais j'étais prêt à la réponse, j'avais un pistolet en main. André tenait sa hache et répétait d'une voix de tonnerre : Oui, voleur ! voleur ! pendant que Petro ne cessait de crier : Ma mule ! ma charrette !

Au milieu du désordre, André et moi, suivis de plusieurs personnes, nous réussîmes à franchir la porte, et une fois dehors, après avoir expliqué rapidement à ceux qui nous questionnaient la conduite de M. William, nous nous éloignâmes à grands pas de ce coupe-gorge, y laissant le Mexicain, qui depuis cette soirée ne reparut jamais à Rock-House.

FIN.

TABLE.

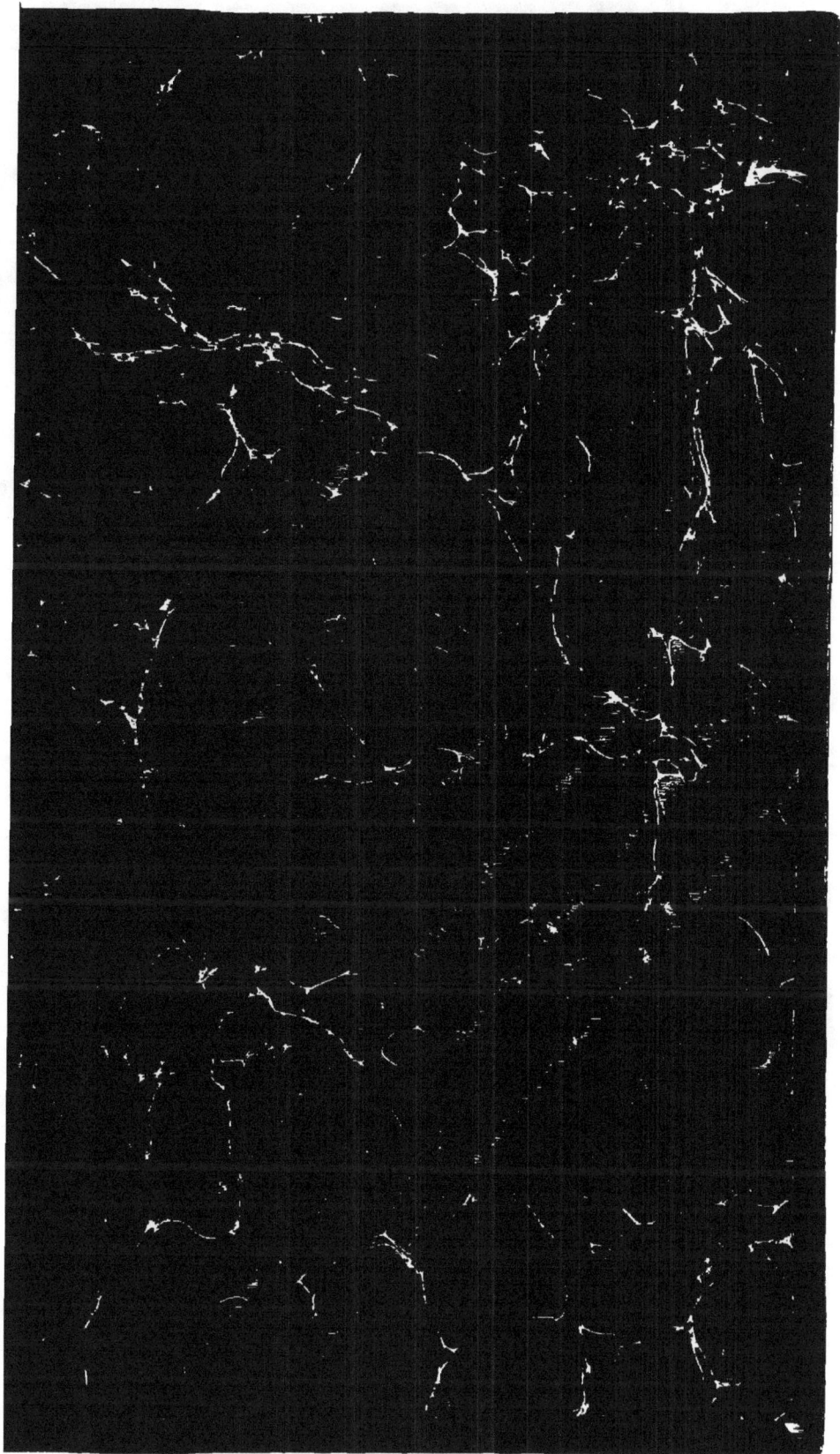

www.ingramcontent.com/pod-product-compliance
Lightning Source LLC
Chambersburg PA
CBHW060404200326
41518CB00009B/1248